中国节气
　　宛如血
在我们体内
　　浩浩荡荡!

跟着太阳走一年

三耳秀才 文

苗星元 绘

宁波出版社

图书在版编目（CIP）数据

跟着太阳走一年 / 三耳秀才文；苗星元绘. —— 宁波：宁波出版社，2025.4
ISBN 978-7-5526-5414-1

Ⅰ.①跟… Ⅱ.①三… ②苗… Ⅲ.①二十四节气—青少年读物 Ⅳ.① P462-49

中国国家版本馆 CIP 数据核字（2024）第 109942 号

跟着太阳走一年
GENZHE TAIYANG ZOU YINIAN

三耳秀才 文　苗星元 绘

责任编辑	朱璐艳
责任校对	虞姬颖
出版发行	宁波出版社
地址邮编	宁波市甬江大道1号宁波书城8号楼6楼　315040
装帧设计	马　力
印　　刷	宁波白云印刷有限公司
开　　本	889毫米×1230毫米　1/32
印　　张	6
字　　数	120千
版　　次	2025年4月第1版
印　　次	2025年4月第1次印刷
标准书号	ISBN 978-7-5526-5414-1
定　　价	48.00元

如发现缺页或倒装，影响阅读，请与出版社或印刷厂联系调换
电话：0574-87248279（出版社）
　　　0574-87328764（印刷厂）

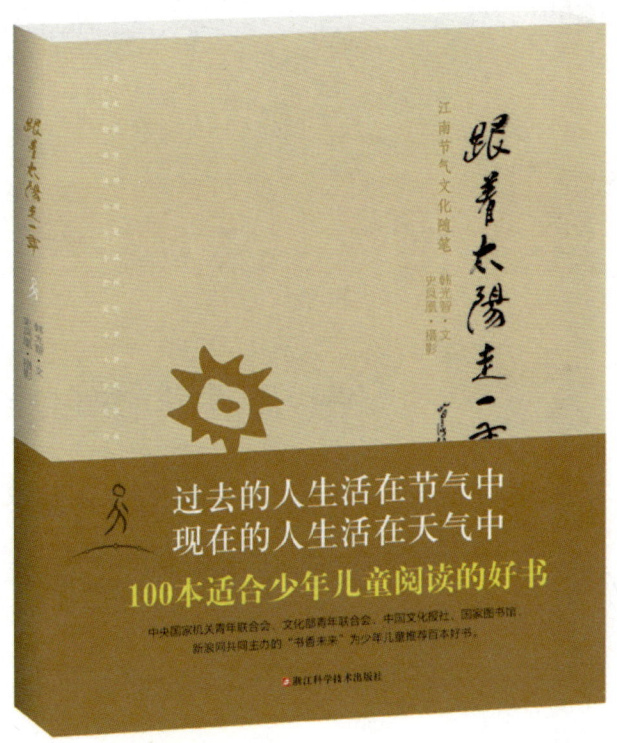

《跟着太阳走一年》2011年首版书影

《跟着太阳走一年》2017年二版书影

重版序

三版有三版的新意

相对而言，出新书常见，重版不常见。如果说出一本新书，很大程度关联着虚荣，那么，把一本书进行二版，乃至三版，虚荣可就不虚了。话说到这儿，我得很骄傲地絮絮叨叨：

《跟着太阳走一年》，2011年首版。2013年，入选"书香未来"一百本好书名单（国家图书馆评选）。2017年第二版。到如今，2025年，出第三版，我很高兴很高兴。

"内容为王。"《跟着太阳走一年》能二版三版，跟内容是有很大关系的。重版，内容不能大动，但创意的空间还是开放的。二版时，我们就已花了很多心思，那么，三版呢？

三版有三版的新意。这里，我很坦率地说，新意由不了我，而是出版社的主意和坚持。大致说来，有这样几个方面。

第一，部分篇章有所修改。四"立"中的立春、立夏、立秋，重点改过。比如，立春，从前是《立春：看〈立春〉 体会春立》。现在是《立春：召唤少年心》。自然，随着立意的调整内文也进行了改动。再比如，《二十四节气"说明书"》大改过。此外，全书正文中的年份，因全书成文于2010年立春至

2011年大寒，时间久远，故我们有意进行了模糊处理。

第二，全新的插画。插画，看似是配角，其实是完全可以独立成册的。因为，全部画作，有一以贯之的思想和技法。让人惊喜的是，中国传统的四季神，我们绘出了一套新模样。这样说吧，插画和正文，互相成就，相辅相成。一句俗话，你好我也好。我们想达到的效果是，读者看了正文，想仔细看看插画；先看了插画，会想再回味一下正文的立意。

第三，面目一新的封面。封面就是一张脸。出版社下的美容功夫，更是了得。反正你已看过了，我这里就不细表了。

第四，扫码可听。正文编排校对后，我们特意委托北仑朗读协会来制作好声音，担当者是金敏女士。如此一来，码一扫，便可听见一年四季。

第五，"小配件"，我们也做得很精巧。每个节气的前面，我们还设置新问题冲击你的大脑。比如，哪个节气，真是"热到头"了？你猜。

"苟日新，日日新，又日新。"从2011年到2025年，《跟着太阳走一年》有了新意，更有岁月陈酿的味道！

以上拉拉扯扯，算夫子自道吧。希望你也能喜欢岁月中的这种味道。

是为三版自序。

三耳秀才

2023年8月14日草于五更涵
2024年12月12日改定

目录

春

003　立春：召唤少年心
　　　相信未来，总是从立春到大寒。

009　雨水：阳光下的"雨水"
　　　耳边响起，小雨的滴答和时钟的嘀嗒。

015　惊蛰：小病似春雷，冷气过惊蛰
　　　方寸已乱，外面的世界很精彩。

021　春分：春分春分，恰如其分
　　　太阳太阳，温暖的太阳喜洋洋。

027　清明：我们为什么一年需要一个清明节？
　　　春和景明，谁想探访杏花村。

033　谷雨：谷雨谷雨，时有春雨　附文：二十四节气"说明书"
　　　雨生百谷，惜春的心情浓起来啦！

夏

043 　立夏：立正，向右看齐！
　　　自强不息，立夏立起精气神。

049 　小满：中华有麦，江南有水　　附文：小麦的"历史演义"
　　　小麦小满，这就是幸福的样子吧！

061 　芒种：一时"芒"呀忙，千年"稻"可道
　　　天下第一，小时候叫秧，长大叫丰收。

071 　夏至：梅雨"滞"，夏至"至"
　　　杨梅红了，江南的背景是梅雨。

081 　小暑：宁波小暑要割草，全国小人放野了
　　　要放假啦，金色童年是玩出来的。

089 　大暑：割稻弗割说闲话，多少惶恐因变化？
　　　老天变脸，说下雨就啪啪打我们的脸！

秋

099 立秋：良辰美景好发呆
一叶知秋，我们都盯着树叶看吧！

105 处暑：暑气到此为止，台风遥遥无期
热到头了，有没有台风消息？

111 白露：不着意时最惬意
最得意时，微风吹来更加爽！

117 秋分：秋分悄悄分阴阳，中秋喧喧意味长
秋分看月，大家说的是中秋快乐。

125 寒露：白天不懂夜的黑
菊花刷屏，小碟酱醋品蟹黄。

131 霜降：拐了，拐了，一场秋雨降秋寒
匆忙之间，老天爷的脾气你知道吗？

冬

139 　立冬：立下天地之美的另一个基调
　　　　心思有了，大家都有点展望冬景了。

147 　小雪：灰蒙蒙兮天欲雪，阴冷冷兮人加衣
　　　　脸色难看，老天爷这是咋闹的呀？

153 　大雪：江南黄昏好，一阵大风来
　　　　人心所向，江南的雪可是滋润美艳之至。

159 　冬至：进九，夜正长，何物涌动暖心房
　　　　盼望春天，数九就是盼春的实际行动。

165 　小寒：说冷说对称说天道
　　　　寒来暑往，我们明白了什么？

171 　大寒：小病大雪过大寒，收拾心情好过年
　　　　天道有常，要过年啦，把心情收拾好！

立春
雨水
惊蛰
春分
清明
谷雨

春神·句芒（句龙）

从甲骨文上看，句，音 gōu，本义是弯曲。芒，就是芽尖上的毛。新春来，人们在新生事物上寄托期望，如此一来，"句芒"就是"春神"了。如此春神，在远古，在《山海经》，在漫长的历史长河中，不断演化，却不变那份"神"采奕奕。

职 责 司春。主管树木的发芽生长。
形 象 鸟身人面，乘两龙。
变 形 骑牛的牧童，头有双髻，手执柳鞭，亦称芒童。
来 历 春神，是从一枝芽上生出来的。
口头禅 天天阳光雨露，天天风光无限在枝头。
　　　　你也来替春神拟个口头禅吧＿＿＿＿＿＿＿＿＿＿＿

立春

召唤少年心

相信未来，总是从立春到大寒。

❓ 哪个节气,让你觉得"归来仍是少年"?

答案:立春。

节气循环,二十四节气转了一圈,又回来,这不就是"归来"吗?这不就是又到了立春吗?"归来仍是少年",立春时节,有如一个人的少年时期。另外,立春时节,每个人心中都会有一股劲,都想做点什么,这,不就是成年人的少年情怀吗?所以,当你觉得"归来仍是少年"时,那就是又一年的立春了。

"春风如贵客,一到便繁华。"立春,在最前面带头,有气派。

在二十四节气里,立春,可是一个最让人心动的大节气。大地上吹荡的是春风,人们心里生发的是新一轮的希望。立春,召唤着人们的少年心,也召唤着大地上的每一条生命。

古籍《群芳谱》曰:"立,始建也。春气始而建立也。"立春居二十四节气之首,在天文意义上,它标志着春天来了,实际上,不是春天来了(气候学意义上的春天,是指平均气温连续五日稳定在10℃及以上),而是春气动了。这是春天的前奏,气温、日照、降雨开始趋于上升、增多,自然,细心的人儿、盼春的人儿,可以毫不困难地嗅到早春的气息。

"立春一过,实际上城市哈儿还么甚春天的迹象,但是风真的就不一样了。风好像在一夜间,就变得温柔潮湿起来了。这样的风一吹过来,我就可想哭了,我知道我是自己被自己给感动了。"这是电影《立春》中的一段台词。对我来说,回顾我的成长经历,我也想说:"我就可想哭了,我知道我是自己被自己给感动了。"

简单画个我自己的人生路线图吧。高中毕业—电影技术中专两年—小县城电影公司工作七年—武汉大学中文系研究生三年—到宁波工作。

很明显,在我的路线图上,有一段跨越——从小县城到考上研究生。有不少人问我,在小县城放电影七年,你这七年是如何过的,才得以考上研究生呢?我回想了一下,觉得,我当时并没有什么特别,要有,也是别人眼中的"茫然"和"盲动",当时我只是想着自学,一点点积累。后来想一想,我那一点点学,在一个小县城里,在一个不知研究生为何物的社会背景下,便是着魔,便是发疯。——这便是立志,立下志气的立志,和立春一样的立志。这便是我人生得以跨越的最根本原因了。

与此相呼应,我记得我中专毕业那年,在郑州火车站广场等车时,曾有过这样的念头:现在我离开郑州(我上中专时在此),五年以后我会再回到大城市的。

如今想来,这和立春时节"春气动了"一样。也许别人看来有些蹊跷,我自己觉得却是自然而然的一桩事体。其间,虽不乏过程中受鼓励受激励消解消沉情绪,但总体来说,是立下志气的立志,像立春一样的立志。

后来,我还真回来了,不过,不是五年,是七年,不是郑州,是武汉。具体地说,是在家乡小城工作七年后,1993年,我考上了武汉大学中文系的研究生。嘿!有门专业课我还考了91分呢。

"舒活舒活筋骨，抖擞抖擞精神""坐着，躺着，打两个滚，踢几脚球，赛几趟跑，捉几回迷藏"，朱自清在《春》中写下了大众体育运动。其实，这，也可算是立春的习俗。用现在的话来说，不能懒惰，不能"躺平"。除了这些运动，我们还应该做些什么呢？笔者的建议是，趁大地回春，设立好自己的"小目标"。设立"小目标"，赢得大欢喜。

为什么目标要"小"？因为，遥远一点的东西容易飘，远大的理想容易等于没有。所以，岁月中，最好的路标就是下一个节气。因此，一年之计的计，最好放在"小目标"上，从小处着手，从小事做起，踏步向前，过了雨水过了惊蛰，就是春分，就是恰如其分的春天了。

万事开头难，最后，让我们走进传统的立春三候吧。先是"东风解冻"。再是"蛰虫始振"，虫子被春天唤醒了。最后是"鱼陟负冰"。鱼儿在水面上游动，鱼背上偶尔还有冰碴儿。立春三候，换言之，那便是：东风就是春风，在大地上吹起来了，大地里蛰伏的虫子也有了奋起的"小目标"，而我们，在大地上生息的人们，看那鱼儿在水中游，不，在冰水中游，也得与时俱进，冲向我们自己的"小目标"！

回到现实，今年立春，我的观察和体会是，宁波这几日，不是下点小雨，就是老天阴着脸。但，在这样的天气下，就是有点过度怕冷的我，在阴雨当中也感到天变了，变得越来越温和了。最直接的反应是，我的手套，戴不戴无所谓了，热空调,打不打也无所谓了。"立春一日,水暖三分",的确如此。

诵读宋词,发现一宁波人,吴文英,写过除夕立春的词,现附录于此,也算传递一则春的消息吧。

祝英台近·除夜立春

剪红情,裁绿意,花信上钗股。残日东风,不放岁华去。有人添烛西窗,不眠侵晓,笑声转、新年莺语。

旧尊俎,玉纤曾擘黄柑,柔香系幽素。归梦湖边,还迷镜中路。可怜千点吴霜,寒销不尽,又相对、落梅如雨。

雨水

阳光下的『雨水』

耳边响起,小雨的滴答和时钟的嘀嗒。

❓ 哪个节气，真是"热到头"了？

答案：处暑。

处暑虽然是立秋之后的节气，但在人间，暑气仍在纵横，不过，是扫尾，已经快完结了。语言中"热到头"一词挺有意思，"到头"有到达最高的意思，也有得马上掉头向下的意思。处暑，暑气快用完了，用"热到头"来描述，还是挺形象的。

大自然也有对比之法。庚寅虎年农历大年初六，阳光敞亮，几乎可以说是灿烂。春节长假的最后一天，恰逢一年之中的第二个节气——"雨水"。

天行有道。按天之道，今天太阳到达黄经330度。这便是"雨水"节点。雨水，表示两层意思，一是天气回暖，雨水渐多；二是雨水一多一少，"一多"是指雨水多，"一少"是指飞雪渐少。《月令七十二候集解》中说："正月中，天一生水。春始属木，然生木者必水也，故立春后继之雨水。且东风既解冻，则散而为雨矣。"

我国古代将雨水分为三候："一候獭祭鱼；二候鸿雁来；三候草木萌动。"自此，气温天天向上，春雨时时落下，大地欣欣向荣。

人们常说："立春天渐暖，雨水送肥忙。"如果说立春是一春之始的话，那么雨水便是农家一年忙碌之始了。所以有农谚云："雨水草萌动，嫩芽往上拱，大雁往北飞，农夫备春耕。"

我小时候，在大别山农村，模糊记得，过完年，大人们会说：年过好了，得干活了。这，大约是雨水前后的事吧！

来讲一件趣事吧！当然是农村的，当然是从前的。

从前,有一位农村老太太生了场病,病休初愈时,便想吃点好吃的。说白了,那时好吃的,不过就是两三个鸡蛋,再好一些就是上猪肉了。

老婆婆躺在床上,便跟在床边侍候的儿媳妇说:我想喝水。媳妇一听,马上去烧开水,烧好后端水上来,可是,婆婆不接。儿媳妇不解。不解归不解,但也只好把白开水给端回去。

过一会儿,老太太的一位同辈来看老太太,儿媳妇就央求这位前辈问一问婆婆到底要什么。前辈看望后出来,对老太太的儿媳妇说:你婆婆,要喝的,哪是开水,是油水!

正当令,借这个故事来打一个比喻:一年一度的节气雨水,就是那位老太太要喝的油水,就是我们生活中的"营养快线"。

现在,我早已不在大别山,也不在农村。我在江南宁波城里。我清点了一下,"雨水"里,我做了两件可以"上纲上线"的事。

第一件事是理发。根据长势,我的头发,本来应该是年前就理的。也合规则:理年头、过新年。年前,我怕人多,没去挤热闹。想来也没啥。大年初三专程到理发店,门关着:人家还过着年哩!一看这形势,初四我没有行动。初五忙其他事,傍晚时又过了点,理发店已关了门。拖到今天,想不到拖成了巧,拖出了好兆头:理发成了龙抬头。——我从网上得知,北方有些地方有这样的风俗。这一天,人人都要理发,意味着"龙抬头"、走好运。

第二件事是买书一堆。按我自己的习惯,本来没有什么可说的。买书的事,几乎每周都会发生,在我这里,真不算个事。但转而一想,今年过完年,我还真没有开买过。好像有人这样说过,人生的关键,其实就是在没有意义的事情上找出意义来(其实就是我自己说的)。所以,新年第一买就有了不一样的意义:新年多读好书,并希望自己努力在书中寻觅心灵安慰进而寻找写文章写书的灵感。考虑到这层意义,在此我就不单列今天我买了哪些书了,只报一个书款:不到二百五。

行文到此,我觉得,在"雨水"里,还有几件小事要记上一笔。一是早晨片刻赖床时,隐隐约约听见布谷鸟的叫声:这是在城市里,故觉得有几分稀奇。起床时,掀开窗帘一角,发现外面已是阳光明媚,于是少穿了一双袜(我体寒,本来穿两双的)。这也算与时俱进吧!二是晚上温宁波老酒吃,可能是酒温太高吧,倒热酒入杯,喝酒时发现玻璃酒杯已开裂一缝,原来,去年冬天的寒意并没有走远。

阳光好,正午时分,我从宁波东门口步行到鼓楼。走路时想起前人的妙句:吹面不寒杨柳风。再想想,有点对不上,微风送来,仍有寒意,再说,一路车呀人呀楼呀,没有见到杨柳。

最后，总结雨水，我想说的是，不管下不下雨，雨水就是雨水。节气雨水到了，土壤里的种子，心里的希望，便有了小心思！

加把劲，春天在路上赶。有些种子发芽了。

惊蛰

小病似春雷,冷气过惊蛰

方寸已乱,外面的世界很精彩。

❓ 阳得最厉害的是哪个节气?

答案:夏至。

夏至是一年之中白天最长的一天。显然,这一天,阳得最厉害。与此相应,如果出谜面"太阳"来打一个节气。这个答案也是夏至。

我的日子，过得像流水一样，转眼之间，就到了3月初，一翻日历，上面写着"惊蛰"。

惊蛰，太阳到达黄经345度。蛰是藏的意思，惊蛰的本义是天气回暖，春雷始鸣，惊醒蛰伏于地下冬眠的昆虫。《月令七十二候集解》说："二月节，万物出乎震，震为雷，故曰惊蛰。是蛰虫惊而出走矣。"

网络上在炒"倒春寒"的新闻，交关闹热（注：宁波话，很热闹的意思）。我身处的江南宁波，时不时寒一阵，也算正常：春天到了，冬天并没有走远。

报纸上这样写道：

冷空气今来袭，宁波最低温度零下3℃。一股较强冷空气开始影响我市，过程降温达7—8℃，周日或许还有雨夹雪。进入3月份以来，宁波一直阴雨不绝，到今天已经是第6天了。连续的阴雨以阵雨或雷雨为主，其间有短暂的间歇，部分时段雨量较大，余姚等地还出现过局部暴雨，雷暴强烈。按照往年宁波的情况，这个时期阴雨这么多，气温这么低，还是比较少见。

江南都在传说,太阳去流浪了。所谓节气,换个角度来说,不就是大地上的人们跟着太阳踩出的节奏吗?太阳流浪去了,人们怎么踩点?所以,太阳,你见与不见,他都在我们头顶上空按照常规飘移着。——太阳,他可是一直在值守,哪里有闲工夫去"浪"呀!

没有听到春雷,于无声处过惊蛰。逢周六,我在家。宅男的生活,上上网,看看电视,看看书,然后买菜去。

我想的是平平淡淡过周末过惊蛰,谁知,午饭后,小睡两小时,起来时发现不对劲,肚子有点发胀,嘴里有点想吐,身上有点发冷——我生病了。

生病有因,我想的近因是今天买菜,带的雨伞不好,没怎么撑,结果淋了一点小雨。远因是,周四跑到舟山夜排档逢旧友,吃海鲜吃酒。酒,我有点吃多了。然后,周五回来后,又赶一个电视片脚本。这也罢了,电视片脚本我付出了那么多的汗水,结果是主办方,哈,很看得起我的样子给了我一点点小钱。把我气得:写文章怎么就这么不值钱呢?为此,我想到了,在此地写文章的状态是——"的士"司机的工作状态:招之即来,挥之即去;农民工的收入标准:多乎哉!不多也。

有病看病。到社区医院,看医生,听病人聊天,我不吱声。——具体过程就不表了。回来后,上网闲逛,发现了《黄帝内经》中有关惊蛰养生方面的说法。《黄帝内经》曰:

"春三月,此谓发陈。天地俱生,万物以荣。夜卧早行,广步于庭,披发缓行,以便生志。"《黄帝内经》讲得多好呀,我想一想,再过几天便是生日,我便满××岁了(年龄事关个人隐私,姑隐不彰),这把年纪,正是听得懂、听得进老人话的人生阶段。于是,我自言自语:今后多注意健身呀!惊蛰没有听到春雷,小病却似春雷——也一样可以惊醒人!

惊蛰是节气,上网一查,还是一个戏的名。什么戏,是我老家河南的曲剧,爱情戏。我没有看过这出戏,但是我想,取《惊蛰》这个名字作剧名,实在另有玄机:原来,惊蛰,第一候是"桃始华",就是桃花开了;原来,在民间,惊蛰跟"爱情"可是有关联的。不信,请看谚语:"惊蛰过,暖和和,蛤蟆老角唱山歌。"唱的,其实不是山歌是情歌。与时节相对应,惊蛰,除了惊起虫子,也惊起了奋发有为的人类。不过,这状态,对人类来说,现代的一个词倒是可以代替,这就是"雄起",也很传神。

从前,跟人聊天,侃时代谈潮流,人们大多直言"浮躁"。今天行笔至此,我突然觉得"浮躁"一词实在有点词不达意。我们这个时代,最达意、最委婉的说法,倒是"惊蛰"了。至于"惊蛰"一词,如今都市里的人们忘没忘记、明不明白意义,那是另一回事了。

见桃花,是惊蛰第一候。见黄鹂,是第二候,"仓庚鸣"。见布谷鸟,是第三候了,"鹰化为鸠"。桃花、黄鹂还有布谷鸟,你见与不见,它们都在时光的流里。

时光都在走,走着走着,春天更近了。气象学上的春天,以及,我们心中的春天,在江南,马上就能相见了。

春天刚刚起步。

香樟树把种子已撒满了一地,一地的小粒黑珍珠。

春分

春分春分,恰如其分

太阳太阳,温暖的太阳喜洋洋。

❓ 哪个节气,最容易达到"事事如意"?

答案:霜降。

民间有霜降吃柿子的习俗。柿,音事。吃柿子,不仅应了柿子成熟的时令,也有口彩之福。很容易,柿子一到嘴,立马便到达"事事如意"的境界。吃两个,就是"好事成双"。

我在想，是不是只有我才这样期盼春天呢？往前推，夏末第一场风冷意刚起，我在心里就已萌生了冬天快快过去的念头，到了冬天，数着日子：一九、二九、三九……希望寒冷早早过去的盼头几乎天天膨胀，过春节经雨水过惊蛰，到今天，春分到了，在我的感觉中，我期待的心情这才最终落了下来，这一年的春天真的完全到来了。老天再刮风再下雨，那也是真正春天的风、春天的雨了。

春分不是节，但我却无意之中把它过成了节日，完成了春分这天"规定"的这事那事。这便有了内心欢喜：春分春分，恰如其分。

早上，六点多起床，周日跑跑步，看看一路上的树，看看树上的春意。天色有些发暗。报上说北方在刮黄沙，北京成了"黄"城。江南自然不同，虽然受北方黄沙黄风影响，混浊之色也难掩春浓。这，应该算老天赐给江南宁波的一个福。趁春浓，起意踏青，本来一宅男，早餐后，又想着外出逛逛。

上午带着上小学五年级的少爷到外滩、美术馆一带乱逛。其他不说，只说过马路，外滩附近天主教堂前的马路，我临近斑马线时，像往日一样努力让着飞一般行驶的汽车

（如果是的士更要加倍小心），谁知，几辆车，包括的士，却停在斑马线前让着我们。一想，明白了，宁波市前些时开始实施礼让斑马线的新规定（对不礼让斑马线行为进行处罚，对不遵守的机动车驾驶人处以罚款 100 元、扣 2 分），我这是享受新规定的成果啦！已生活在这座城市十余载的我，很自然，对这座城市每一点每一滴的变化，特别是越来越人性化的进步，都很欣喜自豪。

不知是因为午餐吃了些酒还是春困，午后我爬到床上睡起觉。一觉睡到三点多。哈哈，上网乱逛，发现今天还是"世界睡眠日"。想不到无意之中我紧跟形势配合"世界"默契。2010 年睡眠日的主题是"良好睡眠，健康人生"。这真不是空口号，的确切中现代人的一根软肋。

科普一下，"世界睡眠日"定在每年 3 月 21 日。列举一下，近十几年世界睡眠日的主题分别是：2011 年"良好睡眠，健康成长"。2012 年"轻松呼吸，轻松睡眠"。2013 年"良好睡眠，健康老去"。2014 年"心平气和，健康人生"。2015 年"当睡眠是健全的，健康和快乐比比皆是"。2016 年"良好的睡眠是一个可达到的梦想"。2017 年"安睡，养生"。2018 年"加入睡眠世界，维护你的节奏，享受生活"。2019 年"健康心理，良好睡眠"。2020 年"更好的睡眠，更好的生活，更好的地球"。2021 年"规律睡眠，健康未来"。2022 年"优质睡眠，开心益智"。2023 年"良好睡眠，健康同行"。

不过，我觉得我的这根肋并不软。至少这个周日我过得很健康。上午除踏青外还买了二百零九元五角的书，午休后，到美发店洗洗头，再到社区医院，认识的那位杨医生说：今天病人很少。我说：春天来了，天气好了，病人自然少了啦。我来医院，推拿针灸，说治病似乎不确，说养生可能更好。我自己的说法是，我是没有病时来治病。我这样做，至少是健康的积极的放松呢！

资料上说，中国古代还有春分祭日之俗。早在周代，春分就有祭日仪式。《礼记》曰："祭日于坛。"孔颖达解释说："谓春分也。"此俗历代相传。清朝潘荣陛《帝京岁时纪胜》说："春分祭日，秋分祭月，乃国之大典，士民不得擅祀。"我是"士民"，我是老百姓，自然不敢擅祀。也是赶巧，因为写节气随笔，写着写着，越来越觉得太阳太伟大太了不起了。近些时，我想起了一句话，权作我整个节气随笔的题记，算是献给太阳的祭文或赞美诗吧。这便是——

　　一切都是因为您，太阳呀！
　　仅仅因为您的远和近，我们，被您牵引，
　　从一个节气走向另一个节气。
　　太阳能，一切皆有可能！

春分春分，时光平分，古时又称"日中""日夜分"。这时太阳到达黄经0度,这一天阳光直射赤道,昼夜几乎相等。《春秋繁露》上说:"春分者,阴阳相半也,故昼夜均而寒暑平。"俗话说,"春分秋分,昼夜平分"。春分春分,除平分白天和夜晚外,还有一解,古时以立春至立夏为春季,春分正当春季三个月之中,春分居中,由此平分了春季。

很自然,春分之时,正是春色正好的时候。惜春?此时怜惜春光,是不是太早了些?我这样问,对象当然不是期盼春天心切的我,而是另有其人——搞艺术的,就是写校园民谣《同桌的你》《睡在我上铺的兄弟》的那位,他写了《春分》,无疑,歌曲中流淌着怜惜春光的一串愁绪。这里,只引用其中的一段愁吧:

谁哭了谁笑了
谁忽然回来了
谁让所有的钟表停了
让我唱让我忘
让我在白发还没苍苍时流浪
我是一根线
串起一段一段的流年

清明

我们为什么一年需要一个清明节?

春和景明,谁想探访杏花村。

❓ 哪个节气明确要求,大伙儿一起"诗和远方"?

答案:秋分。

这时节,让你觉得爽,还有秋收的满足感,还有美景当前,所以,自古以来,就有秋分登高望远的习俗。登了高望了远,我们时下所说的"诗和远方",不是就来了感觉吗?!

我是一个异乡人，过春节没有回老家，心想，春节不就是一个日子吗，在哪过不都一样。在异乡过年，当时没有什么"不良反应"，但，春节过完了，好久我都没有从"节后综合征"中回过神来。——原来，我们中国人，每一个都是需要时不时这般"折腾"的：在热闹中闹过去，在平静中静下来。这样才是正宗龙的传人。

春节要热闹，清明要祭祀。不这样做，就像低年级的小学生没有完成老师布置的作业一样，忐忑惶恐。因为有此感悟，早早的，我就买好了机票，清明我要回老家去。我要到我父亲的坟头去，我要到我奶奶的坟头去，我要到俺韩家的老坟山去。

在一年二十四个节气中，有的节气，给人印象浅浅的，不少人，特别是生活在都市里的人们，不怎么注意，不怎么留心，一滑就顺溜而过了；有的节气，给人印象深深的，不仅未来之时，已有迎接的氛围，而且来到之时，还有一道仪式、一番热热闹闹、一阵轰轰烈烈，就是流逝之后，还会被人不时提起。清明这个节气，就是这样一个满含丰富意蕴、从人们心里走过的隆重节气。

清明，太阳到达黄经15度。《历书》云："春分后十五日，斗指丁，为清明，时万物皆洁齐而清明，盖时当气清景明，万物皆显,因此得名。"自然,清明,是一个节气,在传统中,在中国人的心中,清明这个节气,不单单是一个大自然的节气,更是一个响当当的节日。在这个节日里,上坟祭祖和扫墓,汉族和一些少数民族大多有此传统,是谓清明节扫墓。古代,清明扫墓祭祖,谓之对祖先的"思时之敬"。

节日节日,其实并不会只是一日。就我来说,清明节我奔向河南老家扫墓,这个节日就很占了几天。

4月3日,我赶到湖北,给我岳父岳母上坟扫墓。当我看到墓碑上刻有作为女婿的我以及作为外孙的我儿子的名字时,我感到,清明时节,给岳父母烧些纸磕三个头,是一份沉甸甸的责任。

4月4日,我赶到河南新县韩冲西湾——我生活过15年之久的地方。天气明朗。我老家的规矩,清明前三天都是可以上坟的。在我奶奶的坟头——我乡里人都说我奶奶的那座坟风水好,保佑后人走好运,就在我上坟时,村里还有一个人在旁说道:"你得好好把你奶奶的坟再修好一些。"这一天,我们一行人扫了我韩家的好多坟。经过一番寻找,还找到了一座从前被忽视掉的祖坟。在辨认墓碑上的碑文时,我弄清了我爷爷的名字(韩家成),我爷爷的父亲的名字(韩名勇)。这些名字,如今看来,似乎已成了抽象的符号,但仔细一想,知道了这些名字,我的心却明明确确清朗了许多。——我想,我们中国人就是这样认根的吧!

4月5日,天气晴好,清明当天,我和我妹妹到我父亲的坟头上坟(位于新县城郊皮河处)。那片坟地,绝大多数的墓碑都被后代们弄得非常"时尚"气派讲究,对照之下,我父亲的坟显得寒酸"落队"。我父亲生前是一个好强爱面子的人,曾一度赚过不少钱,一时显富手上很阔。只是后来没有把握好财富,老来又生了大病,晚景不免凄凉。想到这些,我和我妹妹商定,明年清明,可得要好好地把父亲的坟弄得气派一点。——这也是中国人尽孝的一种形式吧!

清明扫墓,在此,我要跟外人说一个秘密。在我老家,我们除了扫墓、烧纸、磕头,还会跟先人们说说话,这话还说得极有意思。比如,有的人会跟先人讲条件,边烧纸边说"某某某今年没有来给你上坟,你可不能怪罪他啦,他在那里忙什么走不开啦"之类,还有"我来了,给你上坟,你可得好好保护我啦",诸如此类。这,从一个侧面体现了我们河南人身上那股特异的幽默精神劲头。你把它称为地域性格亦可。

我工作在外,并不是每年清明都回老家。这次回老家,我已84岁高寿的母亲很明确交代我:"将来我死了,你清明要回来看看呀。你工作忙,不用每年清明都回来,隔一年可以,隔两年也可以,但不能隔三年。"我听着"隔一年隔两年不能隔三年"的话,无声无息之中,内心涌起一阵阵酸楚。

清明,我虽奔向河南老家,但我很明白,清明时,宁波亦是清明节,且,宁波的清明节有其特别之处。宁波是"交关"

多上海人的"老家",于是,清明之际,在宁波扫墓的人流中,有不少来自上海的"阿拉"。与此对应的是,公交公司为此还特别安排扫墓公交专线,交警也前往指挥。路上人多挤得热闹,坟山爆竹放得热闹。此,可谓宁波清明一景。

有趣的是,大家有所不知,围绕清明,还有一桩美丽的错误呢!这桩美丽的错误就在——清明时人们常念叨的名诗"清明时节雨纷纷,路上行人欲断魂。借问酒家何处有,牧童遥指杏花村"之中。有专家认为,这首名诗,既不是为清明节上坟而作,也不是著名诗人杜牧所作。我想,不管有多少专家多少次指正,每逢清明节,人们还是会念叨这首诗的。其因很简单:人们认定这首诗反映了清明时节人们的共同心声。这错那错,心声不会错。

写完全文,回到标题中的那一问"我们为什么一年需要一个清明节",自然,对这一问题的回答,对任何一个略有传统意绪的中国人——比如我——来说,是无须多言的。需要,就是需要,每年就是需要一个清明节。去坟头烧烧纸磕磕头,对中国人来说,这是自然而然的事。如果某一年有事没法去先人的坟头一趟,那么,我们在内心便积攒着一份对先人的愧疚。于是,总想着去补、去还。——这是一份传统,而传统是从历史中慢步走出来的。

就这样,我们每年需要一个清明节。——我们是中国人,清明节是我们中国的清明节。

谷雨

谷雨谷雨,时有春雨

雨生百谷,惜春的心情浓起来啦!

❓ 哪个节气，老天爷的脸色最难看？

答案：小雪。

小雪第二候，天气上升，地气下降。这时，天地不通。北方有雾霾，南方雾蒙蒙，所以，天气很不好。换一句话来说，便是，老天爷的脸色最难看。

报纸上的天气预报说，4月20日，时有阵雨。我想，不妨小资一番，把阵雨改成春雨。这样，便有了这个标题——谷雨谷雨，时有春雨。

有春雨时，不冷，雨丝也不太沾衣，午后一时许，我站在这个江南城市的街头，看人，看来来往往的人，有的打着伞，有的没有。有和没有，都显得很自然。

但下午，特别是到了晚间，情况就很不一样。这时的阵雨，可不是一小阵，而是阵得没完没了的样子，说大不大，说小不小，此时，如果没有雨伞在手，那就难免显得有点狼狈了。

这是今年春季的最后一个节气，谷雨，按排序，是一年二十四个节气中的第六个。谷雨谷雨，其意是"雨水生百谷"。如果你留心的话，就会发现，在春季的六个节气中，"雨"占了两个。万物生长靠太阳，是的，其实，也很靠雨水。雨量充足而及时，谷类作物才好茁壮生长。——春季的"雨水""谷雨"就这样有了丰收的含意。

在路上，我问一个熟人，今天的雨如何，他明显表现出讨厌的神情。想一想，也对，前些时"倒春寒"把人们折腾够了，对老天雨淋淋自然缺乏欢喜心。这里，我要特别提到的是,"倒春寒"时,有人解嘲说,昆明人说他们那里四季如春,宁波人说阿拉这里今年可是春如四季:前天是夏天,昨天是春天,今天是秋天,而明天,天气预报说只有零上几度,分明是冬天!

谷雨,太阳到达黄经 30 度。《月令七十二候集解》曰:"三月中,自雨水后,土膏脉动,今又雨其谷于水也……盖谷以此时播种,自上而下也。"这里,别的我不说,只说"土膏脉动",这样的表达太让我心折,说的是"土膏",动的是"脉动",多好的名词和动词。

谷雨带"谷",这说的是此时的雨水对粮食作物是"及时雨"。生活在都市里,我看到了下雨,却没有看到"谷",我看到的是一阵春雨后,街面上铺着的缤纷落叶。如果细心,你会发现春天的落叶和冬天的落叶很不一样,再抬头一望,落了不少叶的树木——比如香樟树——越发青绿了——满眼生嫩的春意。

晚上到朋友家吃饭。别的不表,只表我带去了我的两本作品集《只有我知道》和《海涵宁波:宁波经济文化随想录》。只提文字作品,没有别的,是因为谷雨这天跟文字有很密切的关联。

这知识我是从网上知道的。相传轩辕黄帝时,左史官仓颉曾把流传于先民中的文字加以搜集、整理和使用,并根据日月形状、鸟兽足印等创造了文字,这便是所谓仓颉造字。

仓颉造字非同小可,"天雨粟,鬼夜哭"。造字成功,点燃了中华民族薪火相传的第一把火。相传这事甚至感动了高高在上的玉皇大帝。当时正遭灾荒,许多人家无法糊口,玉皇大帝便命天兵天将打开天宫的粮仓下了一场谷子雨,人们得救了……仓颉死后,人们把他安葬在白水县史官镇北,与桥山黄帝陵遥遥相对,墓门上刻了一副对联:"雨粟当年感天帝,同文永世配桥陵。"

人们把祭祀仓颉的日子定为下谷雨的这天,也就是现在的谷雨节。

无可争辩的是,如今的谷雨节并没有得到很好的传承和弘扬。从网上得知仓颉造字和谷雨节的关系后,我觉得,回过头来再看我将两部作品送给友人,如果说句勉强话,那么,这算不算是对文字始祖仓颉的一种尊重、一份遥远的缅怀呢?!

另一桩和文字有关的事,是今天我收到一位老友的短信。短信说:"再不重视(文化),此地将除集装箱外,无物可留给后世。"

农夫山泉有点田(甜)。都市人如今怀有这样一份理想:当农夫,山有泉水叮咚,有点田,不慌不忙过田园生活,惬意。当然,这是理想,我也有。我这理想,目前看来还是空想。怎么办?在此,抄录几条谷雨农谚,权作我对这份理想的思量:

谷雨天，忙种烟。

谷雨有雨好种棉。

谷雨下秧，大致无妨。

谷雨前后，种瓜点豆。

谷雨麦挑旗，立夏麦头齐。

清明麻，谷雨花，立夏栽稻点芝麻。

谷雨栽上红薯秧，一棵能收一大筐。

附 文

二十四节气"说明书"

中国节气的起源,或者说,中华文明的起源,在天在地。在天,说的是,中国先人在仰望星空时,逐渐确定了人的位置。这是天文。在地,说的是,看到地上万物的变化,中国先人逐渐感受光阴的痕迹。专业上讲,这就是后世的物候历。在天在地,形象地说,中国节气就是中国传统文化的"顶层设计"。

总体说来,二十四节气是上古农耕文明的产物,它是上古先民顺应农时,通过观察天体运行,认知一岁中时令、气候、物候等变化规律所形成的知识体系。

关于中国节气,从前的传统观点有两个关键信息。一个是起源于黄河流域(或黄淮流域),一个是2000多年的历史。如何看待这两个关键?考古学上有"满天星斗"的观点。举例来说,良渚文化实证5000年,并不在黄河流域。现在正火的三星堆文化、上山文化稻作上万年……如此众多的考古新成果不断对传统观点形成冲击。鉴于此,我们修改观点,把二十四节气说成在黄河流域最终定型并由此形成巨大影响,说成二十四节气定型以后至今已2000多年,大致就能站得住脚了。

从记载上看,早在春秋战国时代,中华先人就已有"日南至、日北至"的概念。到战国后期成书的《吕氏春秋》"十二纪"中,就有了立春、春分、立夏、夏至、立秋、秋分、立冬、冬至8个节气名称。以后，经过后人不断的改进与完善，到秦汉年间，二十四节气已完全确立。

完整二十四节气的名称，出现在成书于西汉初年的《淮南子·天文训》之中。

公元前104年，由邓平等人制定的《太初历》，正式把二十四节气订于国家历法之中，明确了二十四节气的天文位置。从此，二十四节气皆由历代官府颁布，用以指导农业生产。所以，人们才说，二十四节气是中国古代订立的一种用来指导农事的补充历法。

2006年5月20日，农历二十四节气作为民俗项目，经国务院批准列入第一批国家级非物质文化遗产名录。

2016年11月30日，中国的二十四节气被正式列入联合国教育、科学及文化组织人类非物质文化遗产代表作名录。

中国"二十四节气"申遗，副标题是"中国人通过观察太阳周年运动而形成的时间知识体系及其实践"。内容分三个层次。第一层次，"天行有常——中国人世代传承的时间观"。第二层次，"顺天应时——传统知识体系与社会实践"。第三层次，"天人合一——文化意义与社会功能"。

从历史上看，二十四节气走向世界，影响到朝鲜半岛、日本、东南亚。至今，在汉文化圈内，二十四节气文化依然闪耀着光芒。

迈向节气之旅，荣获谦卑之诚。每一个中国人都是节气文化传承人。因为：中国节气，宛如血，在我们中华民族一代代人体内流淌，给了我们中华民族不竭的引导和能量。

夏

立夏
小满
芒种
夏至
小暑
大暑

夏神·祝融（朱明）

赤子之说，一者，神都是由人创造出来的；二者，赤子之心，突出一个"火红"。"祝"，在甲骨文中，像一个人跪在神前，开口祈祷。"融"，表示烟气上升缭绕。如此成就夏神祝融。夏神，又名朱明。"朱"，火红也。"明"，光明也。"朱明，日也"，换成现在的话来说，那就是太阳，那就是热辣滚烫。

职　责　司夏。主管万物繁茂。
形　象　兽身人面，乘两龙。
来　历　夏神，生于赤子之心。
口头禅　一切网红都靠我，夏来了，点火吧！
　　　　　你也来替夏神拟个口头禅吧＿＿＿＿＿＿＿＿＿＿

立夏

立正,向右看齐!

自强不息,立夏立起精气神。

❓ 哪个节气,最适宜说"少年强则国强"?

答案:立夏。

在大自然中,立夏,万物开始疯狂生长,在人间,斗蛋、称人还有吃"五色饭",都寓示着加速成长。这个时节,说"少年强则国强",正当时也。

立夏,是中国人的心灵鸡汤,一年一大碗。

"天行健,君子以自强不息。"立夏这一讲,大自然教给我们的是,做、个、堂、堂、正、正的人。

大自然是人类当然的老师,节气是如今中国人当然的必修课程。而,当下的风、当下的雨,还有当下的民俗,当然是我们自习时当修的功课了。

——题记

曙光初照演兵场,一彪人马入场列队,于凌乱的脚步声中,一个高音凌空穿越:立正,向右看齐!

这阵式,这气派,这境界,我觉得,和岁月轮回中的立夏,极其相似,特别是在中国人的眼里、中国人的心上。

先来看看"夏"这个字。

在甲骨文和金文中,"夏"是一个人的象形,四肢发达、昂首挺胸、威武活泼。《说文·夂部》:"夏,中国之人也。从夂,从页(人头),从臼。臼,两手;夂,两足也。"很显然,"夏"是一个顶天立地的"中国之人"。"中国之人"之"中国",最早只指中原那一块,即黄河中游流域。"夏"字,有人说最初是中原古族的图腾。图,是不是腾?得考证,不过,这说法听起来很靠谱。

有了"中国人"的本义,"夏"字在文字演进中、在文明发展中,有了更大的担当和更宽广的舞台:中国第一个朝代叫夏;华夏、诸夏相袭沿用至今,当然,如今的华夏并不仅仅指中原,而是整个中国;一年的第二个季节,阳气最旺,叫作夏季……无疑,夏的含义已随历史进入了中华文明的基因图谱。

明白了"夏",立夏就很容易"立"起来了。太阳到达黄经45度,"万物至此皆长大"。不过,在此要特别说明的是,南北立夏有别:南方的立夏,百般红紫斗芳菲,万物开始夸张;北方的立夏,还在向往着南方的"桃红柳绿""红杏枝头春意闹"。虽如此,在我看来,不管北方的春天晚几步也好,南方的景色更浓更水灵也罢,立夏时节,"夏"的含义在张扬着,阳气飞腾天地间,于人,便生豪情,便有一股英雄之气激荡。换句话说,大自然是人类当然的老师,节气是如今中国人当然的必修课程。立夏,是中国人的励志视频。——向阳,向阳,《平原游击队》里的著名抗日英雄李向阳,是生于立夏吗?!

很久很久之前,还有帝王的时候,立夏之日,帝王须亲率文武百官前往京城南郊,举行迎夏仪式。君臣皆着朱色礼服,配朱色玉佩,连马匹、车旗也得是红的。——真似"我的热情,好像一把火,燃烧了整个沙漠……"

后来，没了帝王，也没了迎夏仪式，不过，在岁月中形成的立夏习俗，却年复一年在大地上生长，在人心上"颤动"。

立夏这天，用茶叶或胡桃壳煮蛋，所煮鸡蛋称为"立夏蛋"，人们会拿"立夏蛋"相互馈送，还会用彩线编织蛋套，挂在孩子胸前，或挂在帐子上。这就是立夏蛋拄心。拄，形声字，从手，主声，其本义为支撑。除拄心给心以力量外，民间还有拄脚、拄眼的讲究。

拄眼，吃的是豌豆。没有豌豆，我想，其他赤豆、黄豆、黑豆、青豆、绿豆也行吧，一搅和，便是"立夏饭"了。

拄脚用笋。在浙江宁波，立夏要吃"脚骨笋"，用乌笋烧煮，每根三四寸长，不剖开，吃时要拣两根相同粗细的笋一口吃下，说吃了能"脚骨健"（身体康健）。

闽南地区，立夏吃虾面，海虾煮熟后变红，红为吉祥之色，而虾与夏谐音，寓意分明。

立夏称人的习俗更广泛。旧时，吃完立夏饭后，在横梁上挂一杆大秤，大人双手拉住秤钩、两足悬空称体重；孩童坐在箩筐内或四脚朝天的凳子上，吊在秤钩上称体重，谓立夏过秤可免疰夏。我曾欣赏过立夏称人的剪纸，当时我还和了两句打油："箩筐称人秤杆平，热热闹闹长精神。"

很显然，立夏的民俗多多，各地有同有异，不过，论起来，"条条大路通罗马"，从一地一人的角度来看，表达的都是祈求身心强健的美好愿望，用现代话来说，便是：立夏，是中国人的心灵鸡汤,一年一大碗。如果从历史的角度来阐发宏大的观点,立夏习俗体现的是华夏敬遵时令渴望威武强大的民族愿望,且,这一愿望年复一年,在岁月中累积成了我们中华民族的文化基因。

"天行健,君子以自强不息。"立夏通过习俗,反复叮嘱华夏子孙:立正,向右看齐!

小满

中华有麦，江南有水

小麦小满，这就是幸福的样子吧！

❓ 什么节气，容易生小病？

答案：惊蛰。

惊蛰时节，气温升高，有时还有倒春寒，温差较大，对我们的身体是一个考验。这时，如果不太注意，开始活跃的病毒就会伺机而入，小病就上了身。特别是小孩和老人，尤其要注意保暖。

多云到阴,有时有阵雨。

多云到阴,有时有阵雨。

多云到阴,有时有阵雨。

多云到阴,有时有阵雨……

这样的天气,真不知老天已延续了几日,到了今天,仍是。而今天,没有阵雨,如果仔细体会,也会觉察到朦胧的雨丝。(在此,要补充的是,想不到老天和我作对,当我晚上提笔写此文时,忽然听到窗外"噼啪噼啪"的雨声,老天又下"阵雨"了。哈哈!)因为我脑中总装着"节气随笔"这回事,不翻开日历,我也知道,今天是小满!

在"多云到阴,有时有阵雨"的天气中,我在想一个大问题:主要是什么,养育了中华民族(甚至人类)?

我觉得,有三样是主要的,最为根本。哪三样?水,小麦,水稻。这三样,从很长很长的时间段来看,事关人的存活,也事关人的精神文化。

至于节气小满,翻阅历史,就能大致明白,小满和"根本三样"中的两样——水和小麦——最为相关。在中国南北文化交流中,小满成了一个小小的"标本":原来北方的"小满"和江南宁波的"小满"还是有着明显的差异的,这,我称之为小满正误。

查看小满正误，无意间，我们对中华民族的历史文化意蕴也许会多些感性的体认。

原来，小满，在北方，也就是过去所说的中原地带，其意是明确指向小麦，或者说明白点，是拿小麦说的事。

小满是二十四节气中的第八个节气，是一个表示物候变化的节气。太阳到达黄经 60 度，"斗指甲为小满，万物长于此少得盈满，麦至此方小满而未全熟，故名也"。也就是说，从小满开始，北方大麦、冬小麦等夏收作物已经结果，籽粒渐见饱满，但尚未成熟，约相当乳熟后期。

古代将小满分为三候："一候苦菜秀；二候靡草死；三候麦秋至。"是说小满节气中，苦菜已经枝叶繁茂；而喜阴的一些枝条细软的草类在强烈的阳光下开始枯死；此时麦子开始成熟。《月令七十二候集解》说："四月中，小满者，物致于此小得盈满。"

在江南，很显然，小满指向的不是小麦，而是水——滋润江南的水。

南方地区的农谚，赋予小满以新的寓意："小满不满，干断田坎""小满不满，芒种不管"。把"满"用来形容雨水的盈缺，指出小满时田里如果蓄不满水，就可能造成田坎干裂，甚至芒种时也无法栽插水稻。因为"立夏小满正栽秧""秧奔小满谷奔秋"，小满正是适宜水稻栽插的季节。当然,在江南,更多的年景是"小满大满江河满"。比如今年,连续多日的"多云到阴,有时有阵雨",更使江南宁波显示水的"肥沃"来。不过,坐大巴在高速公路上穿行,我注意到,人们所说的"江河满",其实更多的是沟沟渠渠,且,沟里的、渠里的水是"小满"而不是"大满"。

奇怪。如果稍稍留心一下,你就会觉得有点奇怪:同是"小满",为何南北有如此明显的差异呢?

互联网上也找不到现成的答案,在此,我就随意演绎演绎。

在历史长河中,有两个重要的过程。一个是小麦在中国大地上不断提升"经济地位"的过程;一个是中国先人形成"节气"观点的过程。有趣的是,这两个过程在起始阶段明显有过"紧密合作"(农耕文明,必然如此)。

大致说来,"节气"最初形成在春秋战国时期,到秦汉年间,二十四节气已完全确立。而小麦的"历史演义"是,商周时期,小麦已入中土,春秋时期,因为耐寒的特质被先人们所认识,于是有了"冬种夏收"的"冬麦"生产。而"冬麦"的种植,无疑是一个历史拐点,由此,小麦开始逐步确立了在粮食作物中排行第二的历史地位(唐宋时期,小麦的历史地位基本确立)。很显然,"节气"形成和"小麦"地位提升,两个历史时段契合,很自然地,"物致于此小得盈满",找一个"小得盈满"的最佳"代表",便是"小麦"了。由它充当"代表",表现"物"的物候。于是,小麦颗粒处于"小满"光景时,节气便称为"小满"了。或者说,节气"小满"到了,农作物也就长得形势喜人了——节气和物候"二合一",皆是"小满"。

既然如此,那南方也有小麦,为何南方的"小满"却指向水呢?

对对历史时间就明白,"节气"观点在从北向南传播时,小麦还没有在南方扎下根来。于是,当"节气"观念传到南方后,每当"小满"节气来临之时,南方的先人,没有"小麦"可以看"满"不"满",很自然地,他们就会去看眼前最招眼惹眼的一样东西——这就是水——田里的水,沟里的水,坑里的水……江南的富裕,富在水上,先人经清明、谷雨、立夏后,"小满"节气降临之时,他们很自然觉得"满"多少的问题,指向的就是水:"小满"的水,水的"小满"。

当然,后来,小麦在南方也扎下了根,占据了新的"势力范围",在我看来,在南方,小麦也跨越了小麦"历史演义"中的第二个拐点(具体情况请参阅文后的附录《小麦的"历史演义"》)。在此,我的问题是,伴随小麦在南方的得势,为何不把北方节气"小满"中的"小麦"指称移到江南来呢?

我想,有两个方面的原因。一是习惯的力量。因为江南的人早已把"小满"当作水的"小满",所以,当正确的"小满"指称——小麦的"小满"传到江南时,江南的"小满"

早已被"水"占据了舞台。二是,水,的的确确在江南发挥着独特的作用。于是,水,因时令变化而变化就显得重要起来,更受人关注。从文化江南的形成来说,水更是功不可没的。——这方面的论证,在此,就免了吧。

中华有麦,江南有水,在我看来,南北"小满"之正误,不能简单看作是历史的误会。如果追求意义,我们在这正误中,也一定程度上看到南北各自的魅力,或者说南北差异的基本原因。

从中土中原而来的我,如今身在江南宁波工作生活,在此,也给读者留下一条有江南气息的"小满"短信吧:

> 蚕老一个闪,麦老一眨眼,季节已经是小满,真诚为你孕个思念茧,祝福为你乘风展翅远,幸福开心这小满,快乐清凉度夏天,幸福生活到永远。

附文

小麦的"历史演义"

为了一口吃的,小麦成了"千年老二"(老大是水稻)。为人民,"千年老二",功莫大矣!

对中国人来说,小麦,可不仅仅是主要口粮,也是家乡大地上生生不息的指望。对游子来说,那就是牵挂,那就是一份永远的乡愁。

追溯源头,出乎很多中国人的意料,小麦,并不起源于中国,而是西亚。——这当然是很久很久以前的事了。研究表明,大约距今5000年前,小麦从西亚进入中国,到汉,特别是到唐宋,小麦彻底在中国大地站稳脚跟,并且有了相当稳固的大片"根据地"。

叫它小麦,但它的作用和影响可不小。在小麦进入中国的演进过程中,小麦不仅改变了中国人的饮食结构,某种意义上讲,也塑造了中国人的精神,积极参与了中国人的精神文明建设。

小麦在古代中国演进的大致路线图是:自西亚到西北,然后自西向东。巩固中原大地,然后,自北不断向南伸展,最后,在全国范围内,覆盖可以覆盖的。

具体说来,商周时期,小麦已进入中土。春秋时期,已是中原地区常见的作物。——于是,"不辨菽麦"是成语,"不辨菽麦"的人，就是没脑子，"无慧"是也。

在小麦伸展的历史进程中，我认为，有两个大拐点。

小麦的第一个拐点，是从"旋麦"到"冬麦"，即，从一般作物发展成重要作物。

想当初，小麦由西北进入中原，种小麦和种植其他作物，如粟和黍，大致差不多，春种秋收呗。这时的小麦，三月种八月熟，因此也叫"旋麦"。在种植中，人们发现，麦子有优点也有缺点。优点是不怕冷，缺点是就怕旱。

中国北方地区，春季干旱多风，春天播种，其实不利于小麦的发芽和生长。聪慧的古人想到：提前在上一年的秋季播下希望，如何？这一试，发现秋季，北方降水量充足，土壤状态又好，种子下地后，没问题，到了寒冬，小麦耐寒不怕冷，也没问题。如此一来，冬小麦出现了，这也叫"宿麦"。什么时候收割呢？这一年的"麦秋"之时。夏季第二个节气小满的第三候为"麦秋至"，意思是，好收割小麦了。这时节，其实就在夏季。在传统观点中，秋收可是在秋天的哟，于是，就这样，汉语多了一个新名词："麦秋。"——这里的小麦，就是如今我们最常见的小麦品种了。

根据文献，冬麦在商代就已经出现。春秋战国以前，以春麦即旋麦种植为主。到春秋初期，反超，冬麦的地盘更大。

很显然，冬麦的出现是小麦适应自然环境的一次"大革命"，极具意义。中国传统粮食作物，多是春种秋收，如此这般，到了每年的夏季，人们常常没吃的，于是闹饥荒，现在叫粮食危机，古代叫青黄不接。"麦秋至"，冬麦的适时出现，安定人心！不说大快朵颐，至少家里有吃的。

汉朝佚名作《古歌》一首，又名《高田种小麦》，调子一起就是游子满满的忧伤。想来，先秦的小麦，也被寄予了如此情怀："高田种小麦，终久不成穗。男儿在他乡，焉得不憔悴？"

行文至此，不得不提一下小麦的加工。大约在汉朝，把小麦磨成面粉的技术大面积推广开来。这下，由于不喜吃"粒食"，加上掌握了发酵技术，人们可做的面食也就多了起来。也因此，人们种小麦的积极性快速提升！

小麦的第二个大拐点，是从"很重要"到"千年老二"，即，从重要作物提升到排行第二的高位。

有资料显示，南方原先很少种麦，汉以后才逐渐得到推广。小麦传到南方后，跨越发展得益于稻麦两熟制。时间大约在宋朝。

原来，麦和稻的生长季节不同，只要安排得好，完全可以在秋季收稻以后种麦，夏季收麦以后插秧，同一块田一年两熟。

南方种麦，实践中，人们逐渐摸索出了稻麦两熟制的经验。北宋朱长文的《吴郡图经续记》就说："吴中土地肥沃，物产丰富，割麦后种稻，一年两熟，稻有早晚。"后来南宋陈旉《农书》和元代王祯《农书》所说的也是稻麦两熟制。而且根据王祯《农书》的记载，南方对种麦已有相当高的技术水平，单位面积产量也比较高,并不比北方差。

小麦在南方得到推广,还有一个历史大背景。南宋初年,北方人大批迁移到长江中下游以及福建、广东。北方人习惯吃面,麦的需求大增,小麦的种植面积因此迅速扩大。南宋庄季裕在他写的《鸡肋编》中说:"此时一眼看去,连片的麦田,已经不亚于淮北。"

至此,我们可以这样推断,到了南宋,全国小麦总产量可能已经超过谷子,占据了主粮第二的位置。

此外,根据明代宋应星《天工开物》所言推算,当时小麦约占全国粮食总产量的15%,还多一点。这,虽然只是一个粗略的估算,但足以证明,在明代,小麦,仅次于水稻,居第二位。

小麦位列"老二",相关诗作就更多了。这也意味着,我们国人在小麦身上寄托了更多更深的精神与情怀。

唐代,杜甫写"圆荷浮小叶,细麦落轻花"(《为农》)。只看这清丽纤巧之词,一改沉郁之风,杜甫可不像杜甫了啊!白居易书"夜来南风起,小麦覆陇黄"(《观刈麦》)。没有"悯农"的情怀吗?宋代,姜夔叹"过春风十里,尽荠麦青青"(《扬州慢·淮左名都》)。黍离之悲,诗味尽显。王安石作"晴日暖风生麦气,绿阴幽草胜花时"(《初夏即事》)。文人气十足。杨万里述"小麦田田种,垂杨岸岸栽"(《过平望三首·其三》)。风景和农作物,次第显露,宛如"落霞与孤鹜齐飞,秋水共长天一色"。

如今,中国的小麦情况如何?大体以长城为界。长城以北,主要种植春小麦。因为那里的冬天太冷，有抗寒优点的小麦也抗不住，农人只能在开春下种。长城以南，主要种植冬小麦。大体分布在河南河北以及山东等省份。春小麦和冬小麦比例大约四六开，冬小麦约占六成。有趣的是，小麦也有生日，就在正月廿一。正月廿一这个点，应该是春小麦种子可以开始下地的时间。从这来看，小麦的生日，传递的历史信息可谓相当久远。

总之，不论物质还是精神，就这样，不论当下的现状还是历史的贡献，小麦老二的位子一直稳稳当当的，说"千年老二"一点也不过分。在世界范围内呢？更显赫。如今，小麦的栽培面积和总产量，在各种农作物中，均居世界第一，1/3以上的世界人口以小麦为主要食粮。

最后，听一首李健的《风吹麦浪》吧。词好，情绪也到位：

> 远处蔚蓝天空下
> 涌动着金色的麦浪
> 就在那里曾是你和我
> 爱过的地方
> ……

芒种

一时『芒』呀忙,
千年『稻』可道

天下第一,小时候叫秧,长大叫丰收。

❓ 哪个节气,让你觉得这一年过得太快?

答案:大寒。

在如今人们的观念中,二十四节气,第一个是立春,最后一个是大寒。到了最后,人们总会想着来一番总结回顾。这一总结回顾,难免觉得这一年过得真是太快了。所以,让你觉得这一年过得太快,一定是大寒前后的某一瞬间。

时值芒种,看忙碌之象,我不得不感叹这句话讲得太对了:中国人民是勤劳的人民。

解析"芒种","芒种"有义——

"芒"要忙,忙于"芒"。芒种的芒,指的是作物的"芒",在民间,在人们的口头上,"芒"起来也就顺嘴一说便指向"忙"了——因为,有芒作物如小麦等成熟在望,等待收割,此时,农人要忙,不得不忙。

忙于"芒",此外,还忙于"种"——这是秋收作物播种的最后期限,没来得及种的,得抢种下去了,再晚,便是炎热的夏天,农作物的成活率低,再补种也无大益。"春争日,夏争时"的"夏争时",说的就是当下。

忙于"芒",忙于"种",此外,还有忙于"管"——春播的作物,此时不好好管理就直接影响生长、影响收成。

忙于"芒"、忙于"种"、忙于"管",于是,"芒种芒种,样样要种""芒种下芒花,到夜不居家""栽秧割麦两头忙""收麦种豆不让晌""芒种芒种,样样都忙"。早出晚归,这便是一年中农民最忙的时候;收、种、管兼顾,这便是人们常说的"三夏"大忙季节。

"人间四月闲人少",何故?"才了桑麻又插秧"。

芒种时节，提起"闲人少"，我是想说，过去的农耕时代，一个人想当懒汉可是不容易的。因为有时令时相催促，该干嘛，大家都干起来，你也得干起来。假若到芒种，你不忙，在大伙儿眼中，你不仅是一个懒到骨头里的懒汉，而且还是神经出了毛病的神经病了。

蓝的天、白的云、绿的树、红的花、黑的猪、灰的狗、黄的麦、青的苗、忙的人。如果此时从乡间走过，你会发现，芒种时节亦有好景。诗人云"东风染尽三千顷，白鹭飞来无处停"。

芒种时，太阳到达黄经75度。我在网上闲逛，有网友问我今天没外出吗，我回答说当宅男在家呢。又问，你忙吗？我来了一个无厘头，说，我脑忙呢。想想也有几分歪理：敲打键盘写文章的人，脑不忙，老不忙，何来新意新文呢？芒种之日说脑忙，也算入时之举吧！有点异样的是，每个节气，宁波的报纸在天气预报栏目里大多会点到节气说道说道，可最忙的"芒种"，报纸上却没有提及。莫非，现代都市，离农忙是真的越来越远了吗？

鉴于芒种之"芒"字音通忙碌之"忙"，我将此二合一，简称为：一时"芒"呀忙。自然，一时"芒"忙一时，明白人一看，就知道后面来的就是一年丰。

芒种时节，忙这忙那，顾东顾西。但在农人心中，最重的，是水稻。

细心的读者会记得，在小满节气随笔里，我曾说过养育人类的"根本三样"——水、小麦、水稻。今天，在芒种这个农人最忙的时令中，我脑忙一阵之后，再动笔忙上一阵，说说水稻——我称之为千年"稻"可道。

持长镜头，极目远眺，先关注很远很远的远古，看万年稻，再由远及近，看千年稻，以及千年道——

在很久很久之前，水稻已来到人间。以何为凭？考古为证。

在湖南道县玉蟾岩，1995年至2000年间，考古工作者连续考古发掘，发现了距今12000年的几粒野生稻谷和距今10000年的人工栽培稻谷。想不到，万年前就有了野生水稻和人工栽培水稻。

很显然，这几粒"老"稻，只证明，万年前，水稻已有了；也很显然，当时的水稻，在人类可吃的众多东西中，不过是其中一样而已。那时，水稻还没有承担起"口粮""主食"的重任——这，还有待于人类的进化，更有待于人类在进化的历史长河中慢慢认识水稻的"魔力"，推广水稻的"魔力"。

从万年到千年。我往下说到千年，7000年前左右，这便得说到宁波的河姆渡了——当然，当时这地方并不叫河姆渡。近水楼台，为了近距离了解远古的水稻，我独自专程前往河姆渡。

河姆渡遗址，在余姚境内，距宁波市区大约20公里。

在南站坐中巴到河姆渡村,再下车走几分钟便到了河姆渡的渡口。过渡上岸,抬眼就能看见那个著名的河姆渡遗址标志——"双鸟朝阳"。

一人前往,不受什么干扰,这,倒是蛮符合朝圣的心情——对供养人类的最主要的作物水稻,我们,除了知道"粒粒皆辛苦",还是得有点敬畏之情敬畏之举的。

在河姆渡,我看到河姆渡的水稻栽培已相当成熟(有人估算,河姆渡的谷子库存当时有近百吨,村落中总人数有二百余人。如果算总数,四层文化堆积,在近2000年的时段内,可能先后有过数千甚至上万人在此度过一生)。虽然我们还看不出当时水稻在人们生存中是否占绝对主要的地位,但无疑的是,在河姆渡文化以后的历史时空中,水稻为中国人的生存和发展做出了巨大贡献。

我可以这样说,自从有了水稻,特别是在大面积推广种植后,人类文明明显不同了,比如为争夺食物引发的战争少了,发展也明显提速了。延伸想象一下,从水稻其功甚伟的史实出发,我们不难发现,过去的江南,绝非北方文化所认为的那样是"南蛮之地""化外之地",多"化外之民"。从水稻向北传播推广(也向海外传播)的路线出发,我们也不难发现,中华文明,得益于南北之差异,因差异而交流,因交流而产生巨大的活力。

自我检讨:我是中原人士,自然,我身上有意无意之间带有文化的优越感：我从中原文化的发源地而来，我的眼光自然带有登高望远的惯性。但，河姆渡遗址访古，我看到了不一样的江南，不一样的远古。单就水稻传播来说，江南就对中华稻作文化的发展有标志性的意义。虽然水稻起源等诸多问题还没有完全解决，但河姆渡在水稻发展和传播中，有显著的地位并发挥巨大的作用却是无疑的。江南，可以说是水稻的"根据地"和"基地"。

历史渐近，我再往下说，说到千年之前，说到宋朝。已是"五谷之长"的水稻（注：在中原，最初的"五谷"指黍、稷、麦、菽、麻，并没有水稻）得到大面积推广，相应地，有人说，水稻改变了中国历史进程。这里，我们不说别的，只看看三个根本改变之"了"。

第一个"了"：王朝长了。如果把宋朝看作小麦经济和水稻经济的分水岭，我们会发现，水稻接掌中国农业后，王朝更迭周期比过去延长了。从秦始皇到北宋建立之前，中国历时1180余年，平均每个朝代只有100多年的时间。而从北宋到清朝灭亡，一共有北宋、南宋、元、明、清五个王朝，历时950余年，平均每个王朝接近200年。

第二个"了"：人口多了。从历史上的人口数据来看，北宋以前中国人口从未超过6000万，但是北宋以后人口急剧增加，到清朝末年达到了4亿。作为人口增长的物质基础，主要粮食作物发生变化无疑具有决定性意义。

第三个"了"：中心南下了。北宋以前的3000余年间，中国的人口、经济集中在黄河流域。但北宋以后，由于经济重心转移到了长江流域，黄河流域的人口大量南迁，使中原地区显得相对空虚起来。南北文化交流加强了，比重调整了。可以说，中国的政治、经济格局也随之产生巨变。

以上极目远眺，只看水稻大概。虽如此，如此粗看水稻的历史和中华民族发展的历史，我们也会比较清楚地发现，水稻真是太了不起了。这了不起还一直延续至今。有资料说，我国水稻播种面积占全国粮食作物的1/6，而产量则占30%以上。全世界一半以上人口的主食是稻米。在亚洲，约20亿人口生活所需的能量中，60%~70%来自稻米和它的副产品。在漫长的历史时间内，水稻是中国人所能寻觅到的最理想的粮食作物。

如今，我们大多数人已习惯了大米是从超市买来的，有意无意之间忽视了水稻的奇妙，但，如果我们凝神细想一下，还是会发现，水稻真是太好了，好得不能再好了。在此，我试着说一点我的认识吧。

一斤稻谷500克（千粒重当作25克）约2万粒，种一亩地，可收800至1000斤稻谷。水稻品种不一，收成也不一，一年可以种几季也不一。但水稻的收成却是相当可观的。这是现在的大致情形，古代的水稻收成虽没有现在这么高，但在那时的人们眼中，也是一样相当可观的（有资料说，那时水稻收成20倍于种子,而小麦是4倍于种子)。

当然,水稻的奇妙,并非只在收成一项上,还有营养丰富、容易生长、容易储藏、酝酿成酒、种植水稻的土地不需要休耕,等等。《本草经疏》曰:"稻米即人所常食米,为五谷之长,人相赖以为命者也。其味甘而淡,其性平而无毒,虽专主脾胃,而五脏生长,血脉精髓,因之以充溢,周身筋骨肌肉皮肤,因之而强健。"不细想不知道,一细想真奇妙。在此,我就不一一列举了。

"You are what you eat."西方有如此说法,中国人也有类似说法:人如其食。水稻——给中国人当吃食万年了,当主食也已千余年了,很自然,对中国人精神和文化的制约和影响是基础性的、指导性的。一部中国文明发展史,没有水稻的贯穿,是不可想象的。对中国人来说,稻就是生命,一点也不夸张。在此,我就不展开论述了,只说,千年稻也和中华文明之道相通。

《中华人民共和国国徽法》中规定:"中华人民共和国国徽,中间是五星照耀下的天安门,周围是谷穗和齿轮。"(在此要说明的是,有专家指出,国徽上的图案应该是"麦稻穗",而不是"谷穗")——显然,国徽上的"谷穗"或"麦稻穗",鲜明地表明了水稻和小麦在我们国家的地位、作用及影响。

总而言之,水稻的地位和作用,我简化成三字经:千年

"稻"。稻,水稻之"稻"亦通天之"道"。于是有了——千年"稻"可道。

最后,把"芒"和"稻"连在一起,便有了:一时"芒"呀忙,千年"稻"可道。

夏至

梅雨『滞』，夏至『至』

杨梅红了，江南的背景是梅雨。

❓ 在节气文化里,最有名的好鸟是什么鸟?

答案:燕子。

《左传·昭公十七年》上说:"玄鸟氏,司分者也;伯赵氏,司至者也;青鸟氏,司启者也;丹鸟氏,司闭者也。"玄鸟,就是燕子。司分之"分"就是春分和秋分。后来的物候中,春分第一候是玄鸟至,秋分前的一个节气白露,其第二候是玄鸟归。

伯赵,是伯劳鸟,有"屠夫鸟"之恶名。丹鸟,是雉,后来民间称之为野鸡。青鸟呢,是没有争议的好鸟,但是,和燕子相比较,知名度显然要低一些的。

此外,现在的七十二候中,还有大雁、喜鹊等好鸟。可是,论重要性,不及和"分(春分秋分)至(夏至冬至)启(立春立夏)闭(立秋立冬)"直接相关的"玄鸟""伯赵""青鸟""丹鸟"。

综合以上,最有名的好鸟是燕子。

前后脚的事,在江南,梅雨季到了,夏至也到了。或者说,夏至到了,梅雨季就来了。这便是,梅雨"滞",夏至"至";夏至"至",梅雨"滞"。

据资料记载,夏至是二十四节气中最早被确定的一个节气,夏至日亦是我国最早的节日之一。清代之前的夏至日,官府放假三天,名曰歇夏,民间也有歇夏、歇市的风俗。不过,这一天,我可没有歇,相反,我还加了班。当七点多走出办公室时,抬头望天,天际呈现淡淡的火烧云的样子,有趣。

太阳是老大(若按古代的说法,是东君,古时以东为尊),这天,老大到达黄经90度。想来,就是因为太阳老大升新位,随之带来了夏至的三点独特之处。

第一点,白昼最长。在天文上,夏至这一天,太阳直射地面的位置到达最北端,几乎直射北回归线,是北半球一年中白昼最长的一天,同时也是影子最短的时候。故,夏至也是昼夜变化的分界点。此后,阳光直射地面的位置逐渐南移,北半球的白昼日渐缩短。相应的,民间有语:"吃过夏至面,一天短一线。"

第二点,盛夏之始。除了是昼夜变化的界限,夏至还是盛夏的起点。夏至后的一段时间内,气温将继续升高,大约再过二三十天，一年之中最热的时候就到了。所谓："不过夏至不热""夏至三庚数头伏"。

第三点，阴阳转换。我国古代将夏至分为三候："一候鹿角解；二候蝉始鸣；三候半夏生。"鹿的角朝前生，属阳，夏至日阴气生而阳气始衰，所以阳性的鹿角开始脱落。雄性的知了在夏至后因感阴气之生便鼓翼而鸣。半夏是一种喜阴的药草，因在仲夏的沼泽地或水田中出生而得名。阴阳转换到拐点，一些喜阴的生物开始出现，而阳性的生物却开始衰退了。——如果我们多留心，中国传统阴阳理论，就这样活生生呈现在我们的眼前。

说了半天夏至，但在江南宁波，夏至却"淹没"在梅雨季节之中。在此，有请大家随着我的笔，重点体会一下梅雨气象吧！我简而化之，曰：一直闷，三枝梅。

雨滞江南梅泛黄，时令到了梅雨，江南的滋味，别有一番。少男少女相戏，少男青涩，少女懵懂，一言不合，少女扬眉张目，耍起小脾气，口中不断说"讨厌讨厌讨厌讨厌讨厌……"这"讨厌讨厌"之中流贯的便是，初夏到盛夏之间，江南人普遍品味出来的江南梅雨滋味吧?！

闷着。天闷着，似乎上天有一个盖子，到了这时节，盖子向下压来。当然，你看不到天的盖子，但你可以间接感受到，身在江南，你会明显觉得，你的状态就是闷着，一直闷着，不管老天这时是下着雨还是出着太阳，不管是白天还是夜晚，你一直会有闷着的感觉。

年年会有，不是偶然是必然，凭借资料，我试着如此解释"梅雨季节"：

一面是寒带南下的冷空气，一面是热带海洋北上的暖湿空气，特别是在二三千米的低空领域，常有来自海洋的非常潮湿的强偏南气流，风速达到每秒十几米到二十米左右。每年冷暖相约长江中下游地区，有时扩大至淮河及其以北地区。冷暖初相见，早，可早在芒种；冷暖最终告别，晚，可晚于小暑。无论早晚，节气夏至正当其中。在这段时期内，不是冷风压倒暖风，也不是暖风压倒冷风，冷暖空气长时间"缠绵"，致使阴雨天气持续，这就是梅雨季节了。

年年大致如此，已成规律。这种气候规律性，在我国，长江中下游独有，"只此一家，别无分店"。

梅雨来了，你就得闷着，虽然闷着，但人在江南宁波，可做的、敬遵时令的有趣事，还是有很多。这入时之事，多在三枝"梅"上。

第一梅，是梅子。先是青梅，也就是梅子的青少年时期。拿青梅可以做什么呢？直接吃，当然可以尝尝，不过，太酸。间接吃，一是盐腌青梅，一是酒泡青梅。

青梅过后是黄梅。黄梅，就是梅子的青壮年时期。青涩没有了，梅子黄了，成熟了。成熟了，简单，直接拿着放入嘴中食用即可。

在此，要说明的是，梅雨季节得名于梅，主要就靠这一梅。"江南每岁三、四月，苦霪雨不止，百物霉腐，俗谓之梅雨，盖当梅子青黄时也。"唐时的柳宗元，有诗咏《梅雨》："梅实迎时雨，苍茫值晚春……"不知是先有梅子后有雨呢，还是雨先来了梅子接着有了，反正，梅、雨，相遇的缘分有了，内在的意思相通，于是，穿越历史，"时雨"就成了梅雨。

我想借题发挥的是，在中国文化上，有著名的"煮酒论英雄"。曹操约请刘备，"盘置青梅，一樽煮酒。二人对坐，开怀畅饮"。

如今，不论英雄也罢，生活在柴米油盐之中的江南人，煮酒论家常，把酒话桑麻，也算是人生三味吧！

有点疑问的是，莫非古代的人，当英雄的人，不怕酸，直接食用青梅？如果英雄的嘴和凡人的嘴一样怕酸，那我就有理由疑心曹操"盘置青梅"，应该是"盘置黄梅"才对胃口。用青梅，讲"青梅煮酒"而不讲"黄梅论英雄"，我怕只是为了成就中国文化上的"胃口"吧。

如果按江南人的习俗，青梅也是可以在场的：青梅泡酒。这样吃酒吃梅，应该也算"青梅煮酒论英雄"吧！

第二梅，不是梅，而是霉，发霉的霉。梅雨连绵，空气湿度很大，百物极易获潮霉烂。因"霉"之故，人们给梅雨起了一个别名，叫作"霉雨"。明代李时珍在《本草纲目》中明确指出："梅雨或作霉雨，言其沾衣及物，皆出黑霉也。"——原来,梅雨得名,也因这一"霉"。

物发霉,人也会发霉的。先是生理不适,再是心情不爽。随着大气压的降低,人体的血压等都会随之产生变化,当空气湿度大于70%时,人的精神就容易出现疲惫、烦躁不安、极易发怒等症状。

医生说,这叫作"梅躁"。玩玩深沉,依我看,这也是带文化意味的精神性疾病。在长三角一带,大概相当于油菜花开时发作的精神病。

有资料说,一到黄梅天,会有约三分之一的人出现情感障碍,约10%的人出现情绪和行为异常。——我的应对心诀或者说我的观点(也是我的人生基本观点之一)是,有点变态可以,无伤大雅,有所控制,不能太变态,就行了。

第三梅,是杨梅。梅雨虽不是从杨梅得名,但在如今的江南宁波,大量"填充"人们嘴巴的,不是梅子,而是杨梅。

杨梅,不仅是吃的东西,也是忆江南的尤物。在此,我——一个在江南做"人客"的异乡客——就不细解杨梅了,我只想说,在我看到的众多写杨梅的文章中,王鲁彦的《故乡的杨梅》,最好。下面便是《故乡的杨梅》精华之处:

呵,相思的杨梅!它有着多么惊异的形状,多么可爱的颜色,多么甜美的滋味呀。

它是圆的,和大的龙眼一样大小,远看并不稀奇,拿到手里，原来它是遍身生着刺的哩。这并非是它的壳，这就是它的肉。不知道的人，一定以为这满身生着刺的果子是不能进口的了，否则也须用什么刀子削去那刺的尖端的吧？然而这是过虑。它原来是希望人家爱它吃它的。只要等它渐渐长熟，它的刺也渐渐软了，平了。那时放到嘴里，软滑之外还带着什么感觉呢？没有人能想得到，它还保存着它的特点，每一根刺平滑地在舌尖上触了过去，细腻柔软而且亲切——这好比最甜蜜的吻，使人迷醉呵。

颜色更可爱呢。它最先是淡红的，像娇嫩的婴儿的面颊，随后变成了深红，像是处女的害羞，最后黑红了——不，我们说它是黑的。然而它并不是黑，也不是黑红，原来是红的。太红了，所以像是黑。轻轻地啄开它，我们就看见了那新鲜红嫩的内部，同时我们已染上了一嘴的红水。说它新鲜红嫩，有的人也许以为一定像贵妃的肉色似的荔枝吧？嗳，那就错了。荔枝的光色是呆板的，像玻璃，像鱼目；杨梅的光色却是生动的，像映着朝霞的露水呢。

滋味吗？没有十分成熟是酸带甜，成熟了便单是甜。这甜味可决不使人讨厌，不但爱吃甜味的人尝了一下舍不得丢掉，就连不爱吃甜味的人也会完全给它吸引住，越吃越爱吃。它是甜的，然而又依然是酸的，而这酸味,我们须待吃饱了杨梅以后,再吃别的东西的时候,才能领会得到。那时我们才知道自己的牙齿酸了,软了,连豆腐也咬不下了,于是我们才恍然悟到刚才吃多了酸的杨梅。我们知道这个,然而我们仍然爱它,我们仍须吃一个大饱。它真是世上最迷人的东西。

唉,唉,故乡的杨梅呵。

如今,从大别山来的我,工作生活在王鲁彦的故乡江南,无疑有异乡客的身份。因为身份有"异",于是我对身处异乡遥思故乡的文章自然多了一份别致的感应。大概这也是我认为王鲁彦的杨梅写得最好的一个原因吧!

说杨梅,在此,我还要添加一点杨梅的常识:杨梅可泡酒。杨梅酒,可说是江南的土特产了。多年异乡近故乡,我在江南十多年,此酒已是我的杯中物矣!

就这样,闷着其实也没多大关系的。尝尝青梅,吃几杯青梅酒,买几次黄梅归家,抖一抖发霉的衣衫,驱赶一下躁动的心情,过日子,从芒种到夏至。我觉得,一年一度的梅雨季节,便可以这样在岁月中轻轻划过。最后,给梅雨生活添点色彩,我赋上打油诗一首:

阴晴难定六月茫,云烟水磨观气象。
冷风南下暖渐强,雨滞江南梅泛黄。

黑夜短兮白昼长,杨梅酒里品时光。

一年一度空蒙过,诗人心中结丁香。

注:李商隐有诗"芭蕉不展丁香结,同向春风各自愁"。南唐李璟有句"青鸟不传云外信,丁香空结雨中愁"。戴望舒有名诗《雨巷》。此,皆情结"丁香"。

小暑

宁波小暑要割草,
全国小人放野了

要放假啦,金色童年是玩出来的。

"吓死宝宝了",打一个节气?

答案:小寒。

先说"寒"。"寒",在语言中有害怕、畏惧之义,比如,心寒,胆寒。再说"小"。"宝宝"是"小"的吧!宁波人把小孩叫"小人","吓死宝宝了",是夸张,意思就是"吓"着"小人"了,"小人"害怕极了。这样一来,流行语"吓死宝宝了"对应的,只能是"小寒"时节了。

同样是小暑大暑天热,江南宁波却有不同。宁波传承着这样一条有地方特色的农谚:小暑割草,大暑割稻。

自然,宁波要割的草,也不是一般的草,而是蔺草,也就是席草——细追究,这草里还有一篇"大文章"。

在此,我先说点大话、空话吧。

江南曾有"鱼米之乡"之称,在明清之际,江南"鱼米之乡"的称谓虽没有从前那么响亮,但一个更响亮的称谓来了——税赋重地(有的资料说,明清时期,包括宁波在内的江南,赋税占了全国的四分之一。在韩愈笔下,更夸张,他曾说"赋出天下,江南居十九"。居十九,就是十份占了九份呀!所以,不管唐还是明清,历史上的江南,自发达以后,税赋贡献,向来就是重的)。空话后,我再回到具体,说说宁波席草——一种对税赋有巨大贡献的经济作物。

宁波席草,并未遍及全宁波。"东乡一株菜,西乡一根草"。"一株菜"指邱隘咸菜,"一根草"就是专指席草。西乡,大致在城西的黄古林、集士港、高桥一带。作为经济作物,从种到收再到草制品,各个环节不仅要吃苦,而且还得有技术。别的不说,就说收割吧。

小暑时节,正是收割席草的最佳时节(注:虽说是小暑割草，但现在，到了小暑，草早就割完了。在此，不免一叹，现在的气候真是变得有点不守老规则了）。收割席草，如今还多是人力手工操作。大致有四招：一割、二抖、三绑、四运。

割，你没有腰功不成；抖，你得把长得不好的劣质席草抖出去，你手上没有劲道不成；绑，把抖剩下的席草捆扎起来，你没有腕力不成；运，把一捆捆的席草扛在肩上运到田头装车，你没有体力不成。据了解，现在宁波本地人割草的很少，大家宁愿花钱雇用临时的收割者来做，行情是一斤几毛的样子。——这也是人力资源的社会配置，符合市场规则。

为了凸显席草的地位，我们先来看看它的前世：

距今7000年的河姆渡遗址中，出土有草席残片。

据资料，大约公元8世纪，蔺草由中国的僧人从明州传到日本……

2000年前的汉代，在北方留下了大量的宁波产草席碎片。据记载，两千多年前的西汉，古林人手工编织的草席与东北的人参齐名，已作为岁岁进贡的礼品。

据明代宝庆《四明志》记载，早在1200多年前的唐朝，古林草席已作为特产远销外地。至宋代，草席生产已具相当规模，古林成为全国草席的主要生产基地与贸易集散地，大量出口远销东南亚。至清代更加繁荣昌盛，清嘉庆年间（1796—1820），全宁波开设大小草席销售店23家，且在全国设有多家席店，据不完全统计，年产草席逾100万条。到1932年，鄞西手工织席达15000户，产量千万条。

1954年4月，周恩来总理指名要40条宁波古林生产的"白麻筋"草席，作为国礼带到在日内瓦举行的联合国大会……

"弄"了这半天草，还是要看看时令看看今天。

今天小暑，7月7日，太阳到达黄经105度。暑，炎热也。"小暑大暑，上蒸下煮。"这，意味着大地上不再有一丝凉风，所有风都带着"扑面的热情"。小暑是小热，自然，小热还不十分热。不过，今年的小暑另有特别之处：小暑前有暑。小暑前几天，天热得已经到了人人叫热的程度了。小暑前一晚，有一场雨，反而使得小暑微凉了一些。

小暑时节，在宁波，一般说来，自然变化中有两桩标志性的事件。

第一桩是出梅。如今，出不出梅这事，事前很不好确定，近年来，流行的做法是事后确定。不过，不管出梅的具体日期是哪一天，但总是围绕着小暑，要么前几日要么后几天，却是定则。

第二桩是即将入伏。（注：入伏，常出现在夏至后，小暑和大暑之间。)出梅虽没有确定,但可以确定的是,连绵了二十多日的梅雨已到了扫尾阶段,盛夏开始,气温升高,入伏矣。

顺时之举,伏和藏联在一起,称为藏伏。"隐伏避盛暑也",道理是,入伏,人体阳气也最旺盛,这时节,人们更应注意劳逸结合,同时减少顶着日头外出或选择早、晚温度相对低时外出,避暑气以保护人体的阳气。这便是"春夏养阳"之法。

节气节气,转动的是自然之气,小暑时转动的是"暑气"。在暑气流转之中,最具时令特色的人文风景是全国学生放假了。宁波把小孩叫"小人",和"宁波小暑要割草"相对应,我接着串联起来,便是——"全国小人放野了"。

记得我当"小人"时,我们暑假玩,大人会说一句话:"玩得忘了姓吧?"或者说:"放假,这下放羊了。"(在我河南老家,放羊有放野之义)。自然,放野,就是把上学时没有玩的玩个够。这玩个够,一则当时就收获痛快,二则将来受益。小时会玩,将来也会更具想象力,更有创造力,也就是我们现在所说的开拓创新意识了。

时代不一样了,如今的"小人"的玩有新花样。我家有"小人",上五年级。这里,姑且让他作为"小人"代表,我旁观记下一点观察。另外,也添加一点我对教育的基本想法。

老早几天，我家"小人"就考完了期终考。这一考完就没事，学校也不用去，他就开始玩。7月4号回校搞休学式，嘿，休学式回家后，他就开始算起日子来了，今天是假期第一天、今天是假期第二天、今天是假期第三天……不用问，听口气就知道，他算的可都是黄金时光。

假期就是假，这是根本的。假就是玩，这也是根本的。——我想，这是"小人"的想法。对家长来说，流行的趋势是，并不这么想。家长们，特别是城市中"小人"的家长，他们大多想的是，趁着假期把什么什么功课给补一补。不信，暑假还没到，满大街布满了这学习班那学习班的"灿烂"广告，另外，还加无孔不入的手机广告。

别的家长怕"小人"玩，我不怕，野也由他野，我却另打算盘。作为家长，我对假期的指导思想是，玩要玩好，学要学少。我安排的"少"在两项上：

一是二胡。二胡，我家少爷学了好几年，看样子，不理想。所以我想利用假期整块的时间让他集中提高一下。具体方法是，每周选一或两天放到二胡老师家里去，这样集中学习，应该有明显成效。

二是，学太极剑。俗语说，"老要张狂少要稳"。少年如何学稳，我的引导之术就是学太极。从前，我已"引诱"着他学会了陈氏太极拳老架一路，这个假期，我鼓励他早起，学会吃点苦，到儿童公园去学太极剑。可不，他挺上心，还没有几天,太极剑就舞得有了样子。一个假期,有两项大进步,且符合我认为的正确教育方针。乐乎哉!

野,由他野去。网,由他上去。

大暑

割稻弗割说闲话,
多少惶恐因变化?

老天变脸,说下雨就啪啪打我们的脸!

❓ 世界睡眠日是3月21日,我们中国老百姓自己约定的民间睡觉日,是哪一个节气?

答案:冬至。

冬至,夜晚最长。而且,民间有早早上床睡觉的讲法,这是一个民俗。所以,我们换个说法,说老百姓自己约定的民间睡觉日,是冬至。

此外,这里附加一个知识:"世界睡眠日"为每年3月21日。它是由国际精神卫生和神经科学基金会在2001年发起,并在2003年由中国睡眠研究会正式引入中国。

天道有常。天冷、天热、天长、天短……这些变化,如约而来,按律而去。这些变化,这些常规变化,年复一年,人们感受了,体会了,也习惯了。如果晚到了一点点,人们会说:怎么还没有到呢?

今年的大暑到了。当然一同到的,还有大暑节气应有的变化。在我眼中——

太阳每天都是新的。到了大暑,太阳不仅是新的,也是厉害的。

厉害的太阳是白太阳。当你抬头看它时,你会发现炽白的太阳,还有圆圆的太阳放射出来的炽白的射线。当然,你不能直视她,扫一眼便得转向。不过,当你眼睛放平放眼望去,你又会发现厉害的太阳的无数的"闪光点"——太阳光落到反射性强的物体之上(城市里最常见的便是汽车了),当炽白的射线和你的眼光成一定角度时,在你眼中,便是一个耀眼的"闪光点"了。当一排排汽车趴行在马路上时,那些"闪光点"连成了串。真是灿烂至极。

今年的梅雨期一过,老天的心情豁然开朗。前天坐车时,一个玩摄影的朋友对我说,这些时,多抬头,白天有闲云,夜里有繁星。可不,到了大暑日,媒体也关注起来了。

《宁波晚报》在头版上来了个图片报道《天空真透》,后面还有文字说明:"昨天,甬城上空朵朵白云飘浮在蓝天,空气显得特别通透。据市环保局公布的城市空气质量日报,近一周来,市区有5天的空气质量为'优',另两天为'良',特别是昨天,空气污染指数仅为27,空气质量是近两个月来最好的。"

大暑,一年之中最热的节气,"大暑,乃炎热之极也"。在二十四个节气中,大暑排行十二。此时,太阳到达黄经120度。大暑期间之所以炎热,一方面是受副热带高压稳定控制,另一方面是地面白天从太阳光中吸收的热量多于夜间散放的热量,热量不断积累,到大暑期间,所积累的热量达到了顶峰。要说人在天地之间的感觉,那便是一个字"蒸"。如果有雅兴,此时亦是看荷花的最佳时候,诗人有佳句"映日荷花别样红"。

根据历法,五日为一候,大暑有三候:"一候腐草为萤;二候土润溽暑;三候大雨时行。"第一候,陆生的萤火虫产卵于枯草之上,卵化而出,所以古人认为腐草为萤——萤火虫是腐草变的;第二候,天气开始变得闷热,土地也很潮湿;第三候,时常有大的雷雨降临,这大雨使暑湿减弱,渐渐地,时光向立秋靠近。——对人的感官来说,最明显的是,早晚爽,好爽!尤其是在白天中午高温的衬托之下。

常规变化,人们习以为常,多半会处变不惊的:每年都等着你来，你来了我适应就是了。但，变的，不是只有常规的形态，还有新变、突变、大变化、带根本性质的变化。而这些变化，人们除了别扭不适应，还有一份惶恐常在心中缠绕——

比如，宁波俗语"小暑割草，大暑割稻"，如果我们多些细心，就会发现情况起了较大变化。割草的事不说，这里只说"割稻"：如今的割不是从前的割，甚至没得割了；如今的稻也不是从前的稻，甚至宁波有些村落几乎没有了。——于此，我不免要说起闲话来。这便是"割稻弗割说闲话"了。

有关水稻的变化，在我眼中，有这样几样，我列举如下：

——插秧，如今，不怎么"插"了，而是用抛秧机抛了。当然，伴随着效率大大提升，弯腰、面朝水田背朝天的标志性生产形态，也越来越少见了。

——大暑，大部分早稻还没有达到九成熟，但收割却已开始啦！

——割稻是割稻，但割稻客不见了。从前的时光，时令一到，头戴草帽、肩担行李、手提割稻工具的割稻客，三五成群，坐在桥头或大树下，等候雇用。然后是田间地头，割稻客忙碌辛苦的身影。如今越来越难以见到这道江南农村风景了。旧的不见了，新的来了——新型收割机。购买了收割机械设备的农民，哪里有需求就驾车将设备运到哪里，帮助主人家收割稻子，效率比以往的割稻客提高了几十上百倍。

以上的变化，让我们看到，水稻从种到收，越来越不像农业，而像工业：每一步都恰似工业生产流水线上的一道工序。这就是传说中的现代农业吗？

大暑当天，我下乡走了走。发现，大棚里种稻。当然，种稻时，大棚是敞开的。塑料大棚多是种植蔬菜类用的，为何把水稻别出心裁种在大棚里呢？嘿嘿！你一定不知种水稻的目的所在。我直说吧，是为了改良土壤哟！如果只种一种作物，几年下来，土壤就没了肥力，种植的东西也会出现怪问题。间或杂种一季水稻，就是良方。近日读书，从一本书上，我知晓种植水稻的新用途时，不由得一惊：大自然中的多样性是多么的妙哟！

大致判断，在宁波，伴随着改革开放的步伐，宁波水稻的种植面积呈现越来越少的趋势。自然，传统的农民也越来越少了。活跃在农田的主力军，叫种粮大户。有趣的是，种粮大户多是外来的。那，传统的农民如今在干啥呢？有的还忙在土地上，在种其他更能带来经济收益的东西了；有的已不再忙农事了，在做工什么的。最根本的是，他们，就是住在农村，过的生活，也不再是农民的生活了，他们在过渡，在朝着居民、市民的生活方式转换。

所有这些——水稻生产的变化以及围绕水稻生产变化的相应变化，如果我们"跳高一点"来看，就会发现我们正处在中国社会结构、城乡结构大变化之中。农业每进步一点,如农业工具改进一些,就意味着,农人挣脱土地的捆绑多了一点自由的空间,同时,也意味着人和土地之间的亲密接触或者说亲密关系减少了一分。如果说从前农业的发展是蜗牛式的话,那么改革开放以来农业的发展就是兔子快跑了。——工业化的成果深入到农耕文明,进而也改变了农耕文明的面貌。这种变化,是全国性的,要说有区别,江南宁波,依我看,表现得更明显或先行一步罢了。离土地越来越远了,离自然也越来越远了。这是历史的必然。尤其是如今的时代,处在这种变化最激烈的时段。所以带来的另一方面的问题也不可回避,这就是人们越来越惶恐了。这种惶恐,除了农民,也包括我们这些早已习惯城市生活的都市人。这种状态,就像蹦极一样,突然一下子被抛到空中,上不碰天,下不着地,且,要命的是,速度,极短的时间内,你被"蹦"了好长的距离,这距离就是"落差"。玩蹦极是玩一下,刺激。但在生活中,这样持续的"蹦极"状态,让人持续地"惶恐"着。——这,就是我们这个时代的人所面临的最大的一个问题。在此大背景下,我们——早已不是农民的我们,接触土地感受土地气息越来越少的我们,在心里永远有一份对土地的眷念。带着这份感情,在惶恐之下,我们来细细品味两首有关土地的诗吧。

诗人臧克家,有一本诗集《泥土的歌》。他在《泥土的歌》的《序句》中这样写道:

> 我用一支淡墨笔,
> 速写乡村,
> 一笔自然的风景,
> 一笔农民生活的缩影:
> 有愁苦,有悲愤,
> 有希望,也有新生,
> 我给了它一个活栩栩的生命,
> 连带着我湛深的感情。

离土地越来越远了,离自然也越来越远了。我们要时不时回望,我们要不断提醒我们自己:土地是我们的根本,是我们的母亲。

立秋
处暑
白露
秋分
寒露
霜降

秋神·蓐收

辰，在天上，是星辰的辰。辰，其本字是厴，蛤蚌之类的动物也。想来，天上群星之象和蛤之外壳蚌之外壳相类。厴有何用？一种解释是，最初，人们收割水稻便是用蛤之壳蚌之壳。换言之，厴，是最原始的镰刀。如此一来，便有了"辱"（本义：耕作。后来写作"耨"）字，进而有了"蓐"（本义：陈草复生）字。于是，秋神便有了"蓐收"之名。

职　责	司秋。主管丰收。
形　象	左耳有蛇，乘两条龙。
来　历	秋神，是从劳动中产生的。
口头禅	秋天是丰收的，劳动是神圣的。

你也来替秋神拟个口头禅吧＿＿＿＿＿＿＿＿＿＿＿＿＿＿

立秋

良辰美景好发呆

一叶知秋,我们都盯着树叶看吧!

❓ 哪个节气最适合学习？对你来说呢？

答案：立秋。

中国古代有"秋爽来学"之说。秋爽来学，不仅说的是学校开学了，也说的是，天气开始凉爽，很适合学习。

对你来说呢？如果你愿意学，二十四节气，都适合学习。如果你不愿意学，秋来了，天气好，也是游玩的大好时光。只想着玩，哪里顾得上学哟。——人生是一道选择题。有趣的是，这道选择题一般不论对错的。自己体悟吧。

一叶知秋。每一片叶子都收藏着一个丰富的四季。

节气，不仅仅是自然的，随时令而转；也是人为的，历久弥新。——所以，节气是过去的，也是当下的；是民族的，也是个人的。

——题记

有一个成语叫一叶知秋。意思很好懂。那就是，看到有一片叶子落了下来，便想到，秋天快来了。

看一片落叶就知道秋的消息的人，很显然，是敏感的人，是先知先觉者。

追溯历史，一叶知秋的人，可是史官！据记载，宋朝时，立秋这天，宫内要把栽在盆里的梧桐移入殿内，等到"立秋"时辰一到，太史官便高声奏道："秋来。"奏毕，梧桐应声落下一两片叶子，飘然报秋。

二十四节气中有四立，立春、立夏、立秋、立冬。打量每个季节之初的"立"，便可先知岁月转换中的新立意。有趣的是，每个立，都立于前一个季节景象最浓之时，立秋，便是立于夏季浓烈之时。正因如此，这样的悄然而立，常不被人察觉。

可是有民俗。南方有食瓜咬秋，北方有吃荤贴秋膘，提醒着人们，跟夏不一样的秋，来了。

秋来有三候，依次是：一候凉风至；二候白露降；三候寒蝉鸣。凉风，白露，寒蝉，从字面来看，任何一候单挑，皆都自有意境。

自然四季，人生四季，四季皆分明。分明是四种不同的自然气象，分明的更是四种不同文化气息，文化氛围，文化格调。在中国，文化上的秋，主要有三个方面的意象。

一是丰收的意象。

一个词就足以道明：秋收。"秋"字由禾与火组成，表示禾谷成熟的意思，立秋也就意味着禾谷开始成熟。因此，《历书》中说："斗指西南，维为立秋，阴意出地，始杀万物。按秋训示，谷熟也。"《月令七十二候集解》中也说："秋，揪也。物于此而揪敛也。"

二是忧愁的意象。

一句名句就足以入心：秋风秋雨愁煞人。逆着历史之河向前，还有："悲哉，秋之为气也！萧瑟兮，草木摇落而变衰。"——这是宋玉在《九辩》中，面对秋风生发的感慨。《九辩》以来，悲秋就成为中国古典诗赋的传统主题。女词人李清照《一剪梅》，另有一番滋味：

红藕香残玉簟秋，轻解罗裳，独上兰舟。云中谁寄锦书来？雁字回时，月满西楼。

花自飘零水自流。一种相思，两处闲愁。此情无计可消除。才下眉头，却上心头。

三是正能量的诗意象。

"晴空一鹤排云上，便引诗情到碧霄。"在中国，浪漫的诗句不少，但像这样乐观、阳光的诗句，恐怕并不多吧？

时光在流逝，逝者如斯夫。到如今，这三个意象，说浪漫一点，已演化成了中国人的文化基因。有了秋的三个意象，便有了秋的意蕴，或者说中国秋的文化。不过，对生活在坚硬现实中的人们来说，这些基因似乎只好由其潜伏着。

良辰美景好发呆。无故寻愁觅恨，有时似傻如狂，像个呆子似的，捡片落叶，悄然独处，冥想一番：这片叶子，收藏了一个丰富的四季吧?！——话至此，求理解，笔者我在这里想特别补充说明如下两点：

第一点，一个人性格的内向或外向，皆自然，皆各有其妙。换句话说，性格内向，是特点，不是缺点。同样，性格外向，也是特点，不是缺点。

第二点，发呆，是非常健康的智力活动，是非常优雅的审美行为。何况，正是秋风送爽的大好时光。

应时而举，秋来，发次呆，不负秋光。身在江南的我，

吃着叫"八戒"的西瓜,独自发呆,发呆后,暗自吟道:

  江南咬秋时令闲,八戒西瓜爽口甜。
  一年好景随夏去,秋凉自此始带寒。
  时有台风自由行,偶听秋蝉深树鸣。
  风雨过眼声过耳,岁月也老中原人。

处暑

暑气到此为止,
台风遥遥无期

热到头了,有没有台风消息?!

❓ 最正确的幸福观，用哪个节气可以表达？

答案：小满。

中国哲学讲中庸，中国民间讲"比上不足，比下有余"。还有"乐极生悲""满招损，谦受益"等语。所以，如果用一个节气来体现中国人的幸福观，那就是小满了。

今年的暑,可真折腾人。如果要寻觅夏日共识的话,那么今年夏天晴热高温应该是宁波人的首选:今年,老天热起来有点脱离江南宁波的规律,不过,考虑到在全国范围内的泥石流等气象灾害不时发生,宁波多热一下、更热一点也符合大气候。诗人曰:太平世界,环球同此凉热。

好在,到了今天,到了处暑,时令将"暑"给处理掉了,老天再也热不到哪里去了。

处暑又称暑退,这时气温最适于人体,因此令人觉得很舒适。陆游有两句诗:"四时俱可喜,最好新秋时",是对处暑的最好描绘。

处暑,是暑气结束的时节,"处"含有躲藏、终止的意思,顾名思义,处暑表明暑天将近结束。《月令七十二候集解》曰:"七月中,处,止也,暑气至此而止矣。"这时的三伏天气已过或接近尾声,所以称"暑气至此而止矣"。全国各地也都有"处暑寒来"的谚语,说明夏天的暑气自此逐渐消退。

但,天气还未出现真正意义上的秋凉,此时晴天下午的炎热亦不亚于暑夏之季,这也就是人们常讲的"秋老虎,毒如虎"。这也提醒人们,秋天还会有天气热的时候,也可将此视为夏天的回光返照。著有《清嘉录》的顾铁卿在形容处暑时讲:"土俗,以处暑后天气犹暄,约再历十八日而始凉,谚有云'处暑十八盆',谓沐浴十八日也。"意思是还要经历大约十八天的流汗日。这时太阳黄经为150度,《历书》记载:"斗指戊,为处暑,暑将退,伏而潜处,故名也。"

立秋过后,大家就明显感觉到昼夜温差加大。而处暑过后,昼夜温差将进一步加大。

我国古代将处暑分为三候:"一候鹰乃祭鸟;二候天地始肃;三候禾乃登。"此节气中老鹰开始大量捕猎鸟类,并且先陈列如祭而后食。接着万物开始凋零,天地间充满了肃杀之气。而后,庄稼才有收成。

在"暑"偏长的今年,身处沿海的宁波人,有意无意之中会有这样的"期待":今年,怎么台风没有来呢?年初的时候,气象部门曾有过"四个台风"的预报,但至今一个也没有。在晴热高温之时,人们是多么希望来次台风扫一扫暑气啊!有鉴于台风乃江南寻常之"客",在此——暑气即将清退之际,我对台风来时的情景来幅素描吧!

我的《台风雨素描》是从一个"颠"字开始的。

在头脑清明的状态下,我在想,"颠"是怎么一回事呢?

也翻过字典,还是有点闹不清楚。不去管它,我来自作主张阐释"颠"吧!

颠,是一个动作。"颠"和"倒"常常连说,但颠不是倒。倒是常规的、在人意料之中的倒,而颠,是非常规的、出人意料的倒。比如成语颠三倒四，你仔细揣摩一下，就有些意会了。——至于"颠"的本义是什么，且不去管它。"颠"，依我看，就是这样一种非常规的、出人意料的动作。

如果是人，在大街上来这么个"颠"的动作，就是狂颠或颠狂了。也可以用一个字：癫。这是一个状态。偶尔玩玩，那是发脾气或说有个性耍酷。如果总是癫，那就是病了——癫痫。不好治。

如果是老天，在江南来这么个"颠"的动作，就是台风雨了。如果"颠"得厉害或"颠"的次数过多过频，那就是灾害了。

风带威，雨带响。台风雨常常劈头盖脸向行人打来。当然，是急急的，一阵阵的。

有这样的诗句，"东边日出西边雨"。台风雨，在某种程度上，和这样的诗意相似。不过，台风雨时，天上很少见日头。常见的是，这块地下着台风雨，不远处那片天却清明着。如果抬头看天，还可以看到天上急急奔走的云。这样的台风雨，就是大家常遭遇的台风雨。

更大更猛也更"颠"的台风雨，人们是不常见识的。原因倒不只是因为更大更猛的台风不常来，更人性的理由是大台风来时，人们最好最妙的顺天之举是——退避。一避，就少了见识超级台风雨的机会。当然，在沿海生活的人们，却是深知超级台风雨的气势的：风声凛冽，雨声当当响。此时,你就是躲避在家中,风声雨声声声入耳,也会不由得生出敬畏天地之心来的。

　　有趣的社会现象是,在台风雨中,雨伞最容易受伤害乃至牺牲,雨衣最管用且能保护人体的主体部分不湿。但,人们、绝大多数的人们,舍雨衣而取雨伞,何也?是雨伞的花色多迷人,还是雨伞的张扬之姿切合人性的飞扬意识呢?有一个美丽的解释是这样的:雨衣一穿,再好看的衣服也给穿没了,像个企鹅。

　　我从山中来。什么山?大别山。自然,我见识的是山雨。也自然,山雨和台风雨有着极大的不同。和台风雨有些近似的是山中的阵雨。不过,据我客居宁波的经验,我知道,阵雨,还是讲规矩的,或者说,是讲究起承转合的。而台风雨,不讲章法,胡来乱来,是出人意料的"阵雨"。

　　说来说去,台风雨的脾性就一个字,癫。台风雨的症状就是:癫来癫去。

白露

不着意时最惬意

最得意时,微风吹来更加爽!

❓ 老鼠嫁女,大致定在什么时间段为好?

答案:在"小暑"和"大暑"之间。

为什么?"小鼠"没长大,"大鼠"有点超龄。"暑"和"鼠"同一个音。所以说,老鼠嫁女,最妙的时间段,就是在"小暑"和"大暑"之间了。

二十四个节气，如果让我挑选最好的，我个人觉得是白露。

为什么？

春天之前的节气，我们的心性向上，诗人盼春，农民播种，这无疑是耗体力费心劲的。夏天，暑热，热得闹心，热心难宁，走过立秋，还有秋老虎。有些节气，人们还得视为正儿八经的节日，还得闹腾着过。一年之中的二十四个节气，大都各有各的闹人闹心之处，只有到了白露，才是全心全意的好，好到恰到好处。秋老虎没有走远，还在扫尾巴，但也热不到哪里去，风，吹起来，哪怕是微风，也是凉爽宜人的。气候、气温宜人，这是我喜欢白露的一个原因。

我喜欢白露最入心的原因，当然不是这个，而是，白露的好，好在并不招惹人的注意——不向你要热闹，不闹人；不向你要民俗礼物（如立夏要蛋），不闹心，而又体贴爽快，正如可心的妹妹，在没人处，轻轻唤我一声"哥哥"。

朋友说我"安心在白露的不温不火恬淡中做自己开心的事"。想想也对，再想想，不对了，做事，我怎么可能达得到这样安心安神不温不火的高级境界呢？不过，如果说把它当作人生的一个哲学境界，一个人生努力的目标，倒是"甚合我意"的。

白露,是一年二十四节气中第十五个节气,在每年阳历9月7日或8日,此时太阳达到黄经165度。《历书》记载:"斗指癸为白露,阴气渐重,凌而为露,故名白露。"顾名思义,白露是气温渐凉,夜来草木上可见到白色露水的意思。

以气候规律论,从全国范围来说,白露时节,夏季风逐渐为冬季风所代替,多吹偏北风,冷空气南下逐渐频繁。与此同时,太阳直射地面的位置南移,北半球日照时间变短,日照强度减弱,夜间常晴朗少云,地面辐射散热快,温度下降速度也逐渐加快。

《礼记·月令》篇记载这个节气的景象:"盲风至,鸿雁来,玄鸟归,群鸟养羞。"这是说,白露这个节气,鸿雁南飞避寒,百鸟开始贮存干果粮食以备过冬。

从人的感受来说,天气开始转冷,曾经的威风暑气已经没了,气候凉爽,就连自来水管里的水,也多了凉意,街头的"膀爷"也少到几近于无。对一般人来说,早晚得留意穿衣问题了,至少不能再赤身露体了。俗话说:"白露身不露。"当然,变化之中最好的风景在空中:我国大部分地区天高气爽,云淡风轻。

对此,我的直观评价是,白露,一个不热不冷、不慌不忙的大好时节。

今年的白露是9月8日,我一翻日历,发现这一天还是阴历八月初一。秋老虎还在耍威风摆尾巴,人们还在叫着"热"。

早上七点我出门上班,在路上,我刻意留心了一下马路边上的野草,有点失望,我没有发现露的影子。想想也对,这时的太阳,已经很阳光了,就是草上有白露,也早就羽化成仙无泪痕了。

上班,趁着空当,我整理起以前发表的作品的目录。这一整理,我便发觉我的路在纸上、在文字上,在翻检文字中,片刻之间有恍惚,从前写文章时的那份独特的人生体验又回到了心间,酸甜苦辣,百味杂陈。

当然,与此同时,回顾这些发表的文字,心里也平添一份小得意、小成就——具体如何,我就不展开了,我当个人隐私来爱护来保护好了。

白露,虽然"甚合我意",但展望起来,还是别有情结的。杜甫《月夜忆舍弟》就发生在"白露",诗人吟诵:

> 戍鼓断人行,边秋一雁声。
> 露从今夜白,月是故乡明。
> 有弟皆分散,无家问死生。
> 寄书长不达,况乃未休兵。

我在想,社会发展,离家的人,越来越多了,离家的人当中，虽然并非每一个人都会去关注节气关注夜降白露，但白露前后，人们多半会很自然想到：中秋快到了，该吃月饼该团聚了。——没有离家的中国人，自然也会想到的。更自然，我这个离家十几年的异乡人，更有情结，心在纠结。

人说愤怒出诗人，我说纠结出打油诗。逢白露，作打油诗一首：

时光如水白露凝，秋实不丰心不宁。
人生自古谁无憾，几多少年成伟人？
且看白云飘晴空，且听佛音绕经纶。
不着意时最惬意，闲读诗书慢著文。

秋分

秋分悄悄分阴阳,
中秋喧喧意味长

秋分看月,大家说的是中秋快乐。

❓ 春天真好，请问：我们是从什么时候开始盼望春天的？

答案：冬至。

我们的问题，放在哪个节气后面，答案大致就是这个节气。但是，我们得安排例外。这一次的答案就是例外。

人们从冬至开始盼春，理由有：冬至，我们开始了数九。数九的潜意识是什么？大家一想便知道，哦，我们开始盼望春天了。在文人那里，还有九九消寒图的文雅游戏。其中的心理也是一样的。此外，自唐朝开始，计算清明，就是从冬至开始的。冬至后一百零八天便是清明。而人们眼中的清明，可是"完整的"春天。民谚有云：不到清明天地不明，到了清明天清地明。

一个低调的,遇到一个高调的,于是大家只听到高调的调了。秋分碰到中秋,就是这样的情形。

如今社会,关心节气的人很少,在不太受人关注的节气中,秋分被关注得更少。这便是秋分的低调。时序更替之中,秋分"尽职尽责",丝毫不因"被关注少"而懈怠半分。

"秋分"与"春分",是二十四节气中"相对而出"的"二分"。这"二分",可以理解成把一年的时间切成两半,把白天和夜晚、阴和阳分成两半。故有"时值二分,日夜两平分"之说。即每年到了"春分"或"秋分",白天和黑夜是一样长的。响应阴阳力量变化消长的节点,中国古代应时而做祭日祭月。古书云:"春分祭日,秋分祭月,乃国之大典,士民不得擅祀。"——从"不得擅祀"的口气,我们可以探得历史的气息:"上有所好,下必甚焉",老百姓也行动起来了。如今,官方倒没有祭日祭月之礼,反倒是民间在传承着敬畏之心。

秋分这一天,太阳到达黄经180度,阳光几乎直射赤道,此日后,阳光直射位置南移。《春秋繁露·阴阳出入上下篇》云:"秋分者,阴阳相半也,故昼夜均而寒暑平。"过了秋分,夜,越来越长了。

今年的秋分，让人感觉深刻——气温陡降10℃左右。白天，不加衣不行了；晚上，不盖被冻人了。报纸上的天气预报是"今天阴有小雨，偏北风3—4级，气温20—23℃"。这，不仅让人念叨"一场秋雨一场寒"，而且让人觉得，宁波，从夏天，一夜之间，就到了秋天了。

秋分，古人分为三候："一候雷始收声；二候蛰虫坯户；三候水始涸。"古人认为，雷是阳盛使然，秋分后阴气升腾，所以，老天爷打不起雷了。第二候中，随着天气变冷，小虫开始藏入穴中蛰居，并且用细土将洞口封起来以防寒气。第三候"水始涸"，是说降雨量开始减少，水汽蒸发快，天气干燥，湖泊与河流中的水量变少，一些沼泽及水洼处干涸起来了。

秋分低调，中秋高调。调，高到什么程度呢？高到，本来是秋分名下的祭月大事，也转到中秋的名下了。不信，我们来看两则祭月的新闻吧。第一则是，西安"复原"唐朝中秋祭月仪式。标题就直接标明是"中秋祭月"。第二则新闻是宁波本地的：宁波镇海祭月踏歌。说的也是9月23日这天的事，也明摆着表明是中秋祭月了。

有点奇怪吧？也许有读者突然生疑起来：9月23日，是秋分，阴历是八月十六了，已过了中秋，怎么这天的事，还算是"中秋祭月"呢？

列位看官有所不知，宁波的中秋，过的不是八月十五，而是八月十六。这里，我长话短说，简述一下有关传说。这个传说传的是，宁波人南宋宰相史浩，雅号"鄮峰"，是个孝子，因替岳飞平反而深受百姓爱戴，平日都在杭州为官，每逢中秋都会从杭州返回宁波陪母亲过中秋节。有一年，史浩返乡途中马失前蹄，耽误了一晚，八月十六才到家中，百姓手捧月饼也就一直等到十六才过中秋。凑巧的是，史浩的母亲也恰好是十六生日，于是宁波人八月十六过中秋的习俗就这样流传了下来。清朝诗人袁钧在《鄮北杂诗》中描绘的就是宁波人过中秋的场景："鄮峰寿母易中秋，七百年中俗尚留。从此非时来竞渡，家家十六看龙舟。"（有关宁波十六过中秋的传说还有不少，这里只简介一个）

中秋，这么盛大的、全国性的、约定俗成的民俗节日，怎么宁波人说变通就给变通了呢？就为这，我说点我的观点。在我看来，一个地方，其地域性、民风等有软硬两面，如果只看到软的一面，没有看到硬的一面，你对一个地方的了解就不到位。兼顾，看到了两面，且知硬、硬在哪些方面，软、软在哪些事情上，我们就对地域性有了更深的了解。宁波是商城，讲究把生意做成，于是善于调和达到一致，这是明显的一面。但，连习俗都敢改动一下（这里是调整一下时间，还不算改），你说，这气势硬不硬？

闲话少叙，再入正题。这里，让我再一次把低调的秋分和高调的中秋放在一起，做一番名称之辨：秋分和中秋，到底有何区别?

从字面上说,秋分就是把秋分开,中秋就是秋季的中间。这解释,很让人糊涂:秋、分开,秋、中间,这不是一回事吗?更让人糊涂的是,现实情形似乎是,你不解释我还罢了,你一搅和,我反而觉得张冠李戴起来。这样一混乱,当秋分、中秋放一块,最聪明的人也迷惑起来了。

我的解释是,秋分和中秋是两股道上跑的车。

秋分分的是阴阳,所依的根据是太阳的位置。我们知道,二十四节气——当然包括秋分——是根据太阳在黄道(即地球绕太阳公转的轨道)上的位置来划分的。秋分时,"阳在正东",太阳到达黄经180度,阳光几乎直射赤道。这是根本。四季的变化,就因太阳在运转。这也是秋分能表征季节变化的决定因素。

中秋,是从阴历而来,阴历以月亮为心。阴历以月亮圆缺一次为一个月,共二十九天半。为了算起来方便,大月定作30天,小月29天,一年12个月中,大、小月大体上交替排列。由于阴历不考虑地球绕太阳的运行,因此四季的变化在阴历上就没有固定的时间,它不能反映季节。

话说到此,也许有人会追问:中秋是从不能反映季节的阴历而来,那为何带"秋"呢?我个人的观点,这里有点历史的误会,还有模糊哲学之道、历史传说之妙。一句话,都是月亮"惹"的"乐"。

我猜，八月十五的月亮太神圣也太美了，于是有了人们特别的关注。其脉络是，先是贵人闲人赏月，后是大众望月——从个体行为艺术到群体艺术；先是赏月休闲，后是月饼团圆——节日的内容，围绕月亮做文章，越来越丰富了。总之，先有节日的内容，后有节日的名称，先有别的节日名称，后有中秋的节日名称。

《周礼》载："中秋夜迎寒。"——自然，这里的中秋，不是节日的名称。

魏晋时，"谢尚时镇牛渚……中秋夕与左右微服泛江"。——这应该是贵人闲人的行为艺术吧。

唐朝，中秋节才成为固定的节日。名称有：八月节、八月半、月节、月夕、团圆节，等等。当然，中秋节这名称也在其中。《唐书·太宗记》记载有"八月十五中秋节"。唐韦庄《送李秀才归荆溪》曰："八月中秋月正圆，送君吟上木兰船。"

南宋人吴自牧在《梦粱录》一书中说："八月十五日中秋节，此日三秋恰半，故谓之'中秋'。此夜月色倍明于常时，又谓之'月夕'。"——据说，这是史上第一次对中秋节作明确记载的。

到了明代，《西湖游览志余》中说："八月十五谓中秋，民间以月饼相送，取团圆之意。"——用八月十五来解释中秋，我们可以明显探知，中秋之名，是"后起之秀"的。另外，这个"后起之秀"比别的名称更"秀"一些，我觉得，还跟汉语偏好双音节词等特点有关。中秋,中秋,你多读几遍就知道,用中秋,很顺嘴也很顺耳的。

因为中秋节越来越火,于是,祭月这样的大事,在官方祭演变成民间祭的历史变迁中,也很自然地从秋分之祭模糊成了中秋之祭了。明《帝京景物略》中也说:"八月十五日祭月,其祭果饼必圆,分瓜必牙错瓣刻之,如莲花……"

中秋之名立了以后,就有相应的"追问"解释了。且看:根据我国的历法,农历八月在秋季中间,为秋季的第二个月,称"仲秋",八月十五又在"仲秋"之中,所以称"中秋"。——我想想,也是讲得通的。

在"中秋"的脉络或历史中,我们不难明白,本来是秋分祭月,在岁月流转中,不知不觉转到高调的"中秋"名下了。——在历史传说之妙中,我们可以体会出中国特有的思维和特有的传统。这也是极有意义的。

寒露

白天不懂夜的黑

菊花刷屏,小碟酱醋品蟹黄。

❓ 春天，会下几场雨？脑筋急转弯。

答案：两场雨。分别是雨水和谷雨。
在春季的六个节气中，只有两个节气名称中带着"雨"。所以，来一次脑筋急转弯，便有了两场雨的说法。

昼夜交替，光阴如梭，黑兮白兮，白驹过隙。到如今，寒露矣。

寒露，是寒来了露出了吗？突然之间，觉得这时节的白天和黑夜，不正恰似一首旧歌所标示的那样：白天不懂夜的黑。

白天不懂夜的黑。说不懂，非天不懂，乃人不懂也。

天地有大美而不言。有时，天地变化太快，人们挤进都市，尘世中忙碌的我们哪有闲工夫停下脚步专事揣摩光阴的隐喻呢？！

大多睡着了，哪知夜里的光阴也是一寸寸行进着。人们不懂的是夜的黑。寒露的天，黑得更早，人们更加不懂那段更长光阴的黑。

那凝结水汽的寒露，是随夜晚来的，可我们很少亲见寒露如何降临，就是降临后的样子，我们也越来越少见识到（另加一笔，作为例外：国庆长假中，我徒步楠溪江，睡帐篷夜宿江畔。傍晚在山间看星星，也算体悟到寒露降临时的夜吧）。且，我们对寒露还有误解。

节气白露到时，有点古典文化底子的人，也许会有点迷茫："蒹葭苍苍，白露为霜。所谓伊人，在水一方。"伊人，见到见不到,是另一回事,诗中的"白露为霜"却是毫无踪迹的。

白露当天,有人跟我说起,早晨起来,望着大日头已爬上了天边,不禁心中一阵好笑:何来白露为霜。记得当时我给她的解释是,所谓"白露为霜",其实是寒露为霜。

到了寒露,资料上显示北方会有初霜,具体有没有,或者说"北"到什么地方有,我也不知道。我知道的是,在宁波,寒露确乎无霜。

人们不懂的是夜的黑,寒露当天,人们也难耐白天的骄阳。两头冷中间热。中间的热,热的是,临近中午,太阳的脾气突变,到了中午,骄阳的火力,如中国女排的"短平快",杀伤力极强。避其锋芒,躲在房间不要外出才是上策。

热与冷交替,寒露,在二十四节气中排列十七,太阳到达黄经195度。寒露是深秋的节令,在二十四节气中最早出现"寒"字。此时气温下降,露水更凉。《月令七十二候集解》说:"九月节,露气寒冷,将凝结也。"

寒露的意思是气温比白露时更低,地面的露水更冷,快要凝结成霜了。通俗地说,白露是炎热向凉爽的过渡,寒露则是凉爽向寒冷的转折。故民谚有云:"白露身不露,寒露脚不露。"有人说,寒是露之气,先白而后寒,是气候逐渐转冷的意思。

我国古代将寒露分为三候:"一候鸿雁来宾;二候雀入

大水为蛤；三候菊有黄华。"此节气中，鸿雁排成一字或人字形的队列大举南迁；深秋天寒，雀鸟都不见了，古人看到海边突然出现很多蛤蜊，并且贝壳的条纹及颜色与雀鸟很相似，便以为是雀鸟变成的；第三候的"菊始黄华"，是说在此时菊花已普遍开放。

　　黑白交替，天地自有其内在的谐和旋律。这时节，跑到池塘边去看残荷，宛如去看水墨画展。

　　池塘观荷，如果让我发言，我要说的是，对大多数人来说，白天不懂夜的黑，对少数慧心人来说，光阴在夜晚的痕迹化作了白天人们所看到的寒气增长万物逐渐萧索之际的天地之美。这便有了秋景图，这便有了"水墨"残荷。诗人苏轼在杭州咏叹："荷尽已无擎雨盖，菊残犹有傲霜枝。"

　　这样说来，白天也懂夜的黑。——不懂的是忙忙碌碌的人们吧?！因此，现实中不时有人感叹："生活中从不缺少美，而是缺少发现美的眼睛"。

　　"嘀嗒嘀嗒嘀嗒嘀嗒，时针它不停在转动…"放《滴答》歌曲养耳朵，旁听的人插话，对我说，几年前就听你放这个。

　　没法，我只得承认了，"露从今夜白，月是故乡明"，这忧伤的旋律，正合这时节以及这时节中的我，进而，小小的我，又得认定：四季行过，春秋循环，伴随这循环，我们的心绪也会跟着转圈圈的。

文不够,诗来凑。最后附上打油诗一首。诗题:甬上寒露。

乍寒还暖夜已凉,水汽成露近重阳。
风光无限眼前菊,风情暗度桂花香。
年华虚度驹过隙,也有懊恼在心房。
甬上人家小落胃,小碟酱醋品蟹黄。

霜降

拐了，拐了，一场秋雨降秋寒

匆忙之间，老天爷的脾气，你知道吗？

哪个节气,最容易被雨淋?

答案:大暑。

大暑第三候为大雨时行。这时节的天有意思,大多时候是晴天,且是大晴天,可是,老天说变脸就变脸,只要天际响起雷或闪出电,不一会儿,就下起阵雨。这阵雨,猛且大。因为是晴天里的阵雨,人们出门时一般不会带上雨伞,故,路上行人多被淋上一阵。就算带了雨伞,有时,也架不住"大雨时行"中的大雨,也湿身,也有淋雨之感觉。综上所因,一年之中最容易被雨淋的时节,在大暑。

先是一点点地变，一点点积累多了，到了临界点，来了一个突变。从哲学角度说，这叫从量变到质变。今年寒露节气后的天气变化，很严格地遵循这个规律，到了今天，天气突变，一股寒流一场秋雨，仿佛是老天有意提醒忙碌的人们：今天是霜降矣。按小品口气说，"老天变天，拐了，拐了……"

具体到今年，老天"拐"的蛮力，来自寒潮和"鲇鱼"。

霜降前一天就有预报。预报说"今秋最强寒潮袭击中国，局部大到暴雪"。

霜降这天，"鲇鱼"来了。在剧变的天气中，人们更关注着天气报道。网络上的即时新闻在说：今年第13号台风"鲇鱼"已于10月23日12时55分在福建省漳浦县沿海登陆，登陆时中心附近最大风力13级。

无疑，老天"动刀子"了。不用吃惊。因为，时令到此，老天主"杀"，理应"动刀子"。所谓寒潮，所谓台风，不过是老天适时祭出的"大规模杀伤性武器"而已。当然，"大规模杀伤性武器"是"非常规武器"呀！

那，这时节，老天的"常规武器"是什么呢？

这问题，先放一放吧。我们还是先来看一看节气霜降有何意指。

太阳到达黄经210度,时为霜降。霜降是秋季的最后一个节气,是秋季到冬季的过渡节气。再往前走,冬就立起来了。

"气肃而霜降,阴始凝也。"古籍如此解说。可见"霜降"表示天气逐渐变冷,露水凝结成霜。《月令七十二候集解》亦说:"九月中,气肃而凝,露结为霜矣。"此时,中国黄河流域已出现白霜,千里沃野上,一片银色冰晶熠熠闪光,此时树叶枯黄,在落叶了。

我国古代将霜降分为三候:"一候豺乃祭兽;二候草木黄落;三候蛰虫咸俯。"此节气中,豺狼将捕获的猎物先陈列后食用;大地上的树叶枯黄掉落;蛰虫也蜷缩在洞中不动不食,垂下头来进入冬眠状态中。

以上,以黄河流域为准,以古书为准,到了宁波,情况又有所不同。比如今年,就是前几天,人们的普遍感觉是,早上是早春,乍暖乍寒,中午是盛夏,骄阳似火,到了傍晚,就在人们下班回家的一转眼之间,就到了夜晚。也就到了真正的秋天了。

就是到了霜降这天,其实也是没有霜的(四明山有没有,我一时难以断定。觉得应该有。此处存疑)。受台风影响,早晚都很冷,温差有,但人的感觉一直冷,并没有落差之感。绝对没有两天前"早上春,中午夏,傍晚秋"的气象了。

霜降,虽然没有霜,但,宁波离老天降下霜来已不远矣!(距离真正的有霜,大概还得一个月吧)在此,我也愿意,也不得不说说秋霜——因为,在我看来,这时节,霜便是我前面放下未表的老天的"常规武器"。

对万物来说,秋的意旨,主"杀"。除突然来的寒流和台风外,最常规的主杀武器就是夜间暗暗降下的寒霜了。

"常规武器"之"常规",其理在于,夜夜前来,日甚一日。民间曰:"霜降杀百草。"

不过,与其说"霜降杀百草",不如说"霜冻杀百草"。霜是天冷的表现,冻是杀害庄稼的真凶。由于冻则有霜(此外还有黑霜。所谓黑霜,是指在春、秋季农作物生长的时期内,土壤表面和作物表面的温度下降到0℃或0℃以下,使作物遭受冻害的现象),所以把秋霜和春霜统称霜冻。

有人曾经试验:把植物的两片叶子,分别放在同样低温的箱里,其中一片叶子盖满了霜,另一片叶子没有盖霜,结果无霜的叶子受害极重,而盖霜的叶子只有轻微的霜害痕迹。这说明霜不但危害不了庄稼,相反,水汽凝结时,还可放出大量热来,1克0℃的水蒸气凝结成水,放出汽化热是667卡,它会使重霜变轻霜、轻霜变露水,消减冻害。不过,现实和实验是不一样的。在现实中,结霜了,霜化了,第二夜又结霜了,第三天又化了……如此折磨,再说霜能消减冻害,就显得不合现实了。

严霜打过的植物,一点生机也没有。这是由于植株体内的液体,因霜而冻结成冰晶,蛋白质沉淀,细胞内的水分外渗,使原生质严重脱水而变质。"风刀霜剑严相逼"说明霜是无情的、残酷的。其实,霜和霜冻虽形影不离,但危害庄稼的是"冻"不是"霜"。

霜降时节,北方大部分地区已在秋收扫尾,即使耐寒的葱,也不能再长了,因为"霜降不起葱,越长越要空"。

人法自然。所以,在中国人的意识里,在历史长河的陶冶下,有了"秋后用兵"和"秋后问斩"等惯例。似乎和这相对应,在宁波,清代有"迎霜降"习俗,此日,驻宁波的浙江提督率兵士以金鼓、军器开道,自提督署至大校场,祭军牙六纛之神。入民国,此俗废。

虽然秋主"杀",但在文化的主要承担者——诗人文人那里,却另有一番境界。比如,"沙场秋点兵"——一股英雄豪迈不言自明。比如,"风刀霜剑严相逼"——情至穷途何以堪。到了现在,有短信。这里置一问候如下:

霜是雨的相思,雨是云的情怀,云是风的追求,风是水的温柔,水是梦的流淌,梦是心的呼唤,心是我的问候。霜降快乐!

冬

立冬
小雪
大雪
冬至
小寒
大寒

冬神·玄冥（禺强）

禺，本意是区域，看来，禺强（或禺疆）就是混沌之境吧。玄，本义是赤黑色，黑中带红；冥，"明之藏也"。所以叫玄冥，又或叫禺强，皆冬之大气象也。

职　责　司冬。主管冬藏。
形　象　鸟身人面，两边的耳朵上各悬一条青蛇。
来　历　苍茫之时混沌之境，冬神生焉。
口头禅　天地玄黄，天地有正气。
　　　　你也来替冬神拟个口头禅吧＿＿＿＿＿＿＿＿＿＿＿＿＿＿＿＿

立冬

立下天地之美的另一个基调

心思有了,大家都有点展望冬景了。

❓ "一自初冬到前方。"立冬,出个有"初冬"的灯谜,让大家来猜,是哪一个节气?

答案:夏至。
"一自",为"夏"字的上半部分。"初冬",冬之初也,取"冬"字的上半部分,到"一自"的下方,于是,便得"夏"。"到前方",即"到"字的前半部分,即"至"也。如此这般,"一自初冬到前方"便是"夏至"。
论意思,也非凡品。"一自初冬到前方",既有英雄气概,又见英雄壮举。

立冬，挫其锐，解其纷，和其光，同其生，别开生面，大道至简。

——题记

一年四季，季季"立"为首。立春、立夏、立秋，如今到了立冬。想一想，前面三立，没问题，到了第四，冬前有个"立"，可能错了吧?!

春天，天天向上，立春，确然；夏天，骄阳如火，立夏，亦确然；秋天，阳气虽渐降，但依然威风八面，且丰收沉甸甸，让人豪迈，意气风发，秋前立，也立得住。而冬，大地走向萧条，怎么能把一个"立"字加于"冬"之前呢？——我就是抱着这样的念头步入"立冬"的。

大家都知道，冬天是"败"的开始，"败"中会有"立"吗？或者说，到底是什么东西在这个时节"立"起来了呢？

外示繁复变化之美，内有转换乾坤之力，冬之"立"亦确然。立冬，"立"了，"立"下了天地之美的另一个基调。

大自然"收拾起"春的萌、夏的浓、秋的爽，摇身一变，唱起了一曲更多声部、更多内涵、更多指向的曲调。从此往后，便是冬了。——在此，我要说的是，如果你不留心、你不细心,那么,除了越来越冷的感觉,冬,对你来说,什么也没有。

而我,体会到这一点,是置身于真的大自然之中。慢慢品咂冬的气息,突然之间,我明了,四季的最后一季的第一个节气,大自然昭示给我的旨意,便是敞开怀抱,放开心灵,迎接另一种天地大美的适时而来!

我的体会分两次。一次是立冬前一日,一次是立冬后两日。几天之内,同一座大山,我爬了两次,很明显,我在认真探寻大自然变化中的奥妙。第一次,我体会到立冬有"立"意。但立下的是什么,欲言无声,一时语塞。第二次,我的体会加深,明白立冬立下的是一种美的基调。

由此,我才断言,最后一季的天地大美,我看到了,我感受到了,我也能说出来了。

说出之前,我还要特别提示,我体会立冬,是在我的老家河南信阳市新县。虽然,可能有许多人并不太清楚新县,但提到几个人,大家一定不会太陌生。许世友——新县是许将军的家乡;徐向前,张国焘——新县曾是红四方面军根据地,是鄂豫皖苏区首府所在地。新县,地处大别山腹地,曾经在岁月中迎接过挺进大别山的刘邓大军。

新县县城西边有一座大山,很大的大山。从前我们都叫它西大山。一两年前,政府作为,从山脚开始铺设条石台阶直达山顶。于是,爬大山,攀爬抬眼即见的大山便成了一个崭新的时尚,自然也是新县一个旅游开发的全新亮点了。——说名山也好,说历史也好,无非铺垫一下——我要说到的立冬的"立"意,和这些有着精神上的相似或相通之处。这一点,我是在一台阶一台阶攀登,在东望望西望望之中感受到的。

11月6日,立冬前一日,周六。我们一行四人去爬西大山,秋色,大地,石级,还有人流。时,气温高达二十多度。天地之间,立冬"立"意,迎面而来。

——在山道上,我们碰到一位父亲带着一个四五岁模样的儿郎,那父亲看小儿努力登山,温情鼓励:坚持就是硬道理,坚持就是胜利。

——一群高中生,在半山腰石桌周围团聚,高声喧嚣,歌声时时泛起。那是青春的气息。

——在山道附近,在杂草掩映下,有映山红出挑入眼,还有花,新开的。虽不似春时那般鲜艳,但一样红着。

我看到了,我感受到了,是我第一次爬山的主要收获,收获的同时,我也迷惘了:立冬时节的立意,我却说不出来。

立冬后两日,11月9日,我一个人再爬西大山,因为是周二,上班的人上班去了,忙的人忙去了。一路上,我没有碰到几个人,在上山下山的三个小时当中,大多时候,我是一个人,在大自然中,安步当车,悠然。那种体验,有没有禅意,我不敢确定,但,在慢步行进中,我更能感觉到冬的静,

春天是风筝

夏天是扇子

秋天荡秋千

而冬天——

　　　　我来踢毽子!

"看我的……"

冬的简约。很具体很细节很鲜活。言不尽意，落笔便是：

——我碰到了松鼠。它从山路的下边冲到山路的上面。它没有怎么吓着我，我也没怎么吓着它。

——我看到松树绿黄相间，还有挂在松树上完全脱水干掉了的松针，层次分明，分外别致。当然，还有更多的松针已落入大地，和其他树木杂草相混杂相和谐，融为一体了。我听到了大地上落叶脱水干掉收缩时发出的"瑟瑟"的冬之声。

——在山顶，我看到树木们低着身子，几棵松树树顶折了、光了。那是站在高处的代价，亦是站在高处的精神。当然，也是一年一年的冬，留下的岁月痕迹。

——静静地，我抬头望天，看到一只老鹰在天空中静静地飞。过了一会，它"呱呱"地叫起来了。

——在尘世中，有乐观悲观之说，有乐观悲观之分，在大自然中，可没有这两观。"落叶满阶红不扫"——何来乐观，何出悲观？！天地有大美而不言也。

——冬阳，特别是立冬前后的，特别是今年的，特别是我故乡小城的，我觉得极像邻家小妹，温和贴身温暖心，不晒皮肤不恼人。

——看到几片鲜红的大片叶子在丛林之中，我突然想到，这冬季的美，就像初吻，热情似火，虽无章法，却又自然而然。错杂繁多凋零之美。冬，在肃杀的同时，也酝酿着新一轮的生机。混沌之中,无边落木,不尽春意。冬天立了,春天还会远吗?

天地之间,只有我,只有松鼠,只有老鹰,只有松树,只有松涛,只有映山红……

是的,是的,我看到了,我感觉到了,立冬"立"意,我可以说出来了——立冬,立下的是天地之美的另一个基调。

有了这个基调,在乍暖还寒、乍寒还暖的交替中,在阴气上升、阴阳激荡中,我们可以踩着季节的步伐,仔细欣赏从繁杂到简约的变化过程中一系列的天地之美。

自然,会有梅花的,等待,也许今冬会有雪花的。诗人说:"梅花欢喜漫天雪。"

小雪

灰蒙蒙兮天欲雪,
阴冷冷兮人加衣。

脸色难看,老天爷这是咋闹的呀?

? 哪个节气最适合用来阐释中国人民是勤劳的人民？

答案：芒种。

中国以农为本，农耕文明灿烂。重耕作，耕作重农时。"雷打芒种，稻子好种""芒种忙收，日夜不休"。一年之中，芒种最忙。这么忙，所以，用"芒种"来阐释中国人民是勤劳的人民，挺好。

小雪落后,江南,更见别致。

节气小雪,大家都在盼第一场雪。

——题记

太阳转到黄经240度,11月22日,节气"小雪"。

今年的节气小雪,真有小雪的"范儿"。弱冷空气来袭,天,虽偶有阳光,但蒙蒙的天色大致不变。虽在江南,这架势,小雪依旧是小雪,很鲜明地昭示着"气寒将雪""地寒未甚"的特征。这真是:灰蒙蒙兮天欲雪,阴冷冷兮人加衣。

节气是个点,自然的拐点。今年的小雪,这个拐意就很清楚。

《宁波晚报》上说:"本周冷空气影响频繁,气温难以明显回升,也许将会是入冬以来最冷的一周。市气象台早晨的预报说,受冷空气影响,今天白天市区最高气温将只有15℃左右,而明后天最低气温预计都在8℃上下。明天起的几天内,我市均以多云天气为主,尽管阳光出来了,但气温回升幅度不大。而且,据中央气象台消息,今天,又有一股势力较强的冷空气已进入新疆,然后将不断东移南下,预计在本周中后期对宁波产生影响,因此周四起本市气温将再度下滑。据目前的预报,本周末市区最低气温将只有6℃左右"。

巧了,巧在书上,真是无巧不成书。清晨,领着我家少爷背诗。"如此幸福的一天。雾一早就散了,我在花园里干活。蜂鸟停在忍冬花上。这世上没有一样东西我想占有……"当背起波兰米沃什的《礼物》时,我突然给少爷下了一个指令:你查一查忍冬花是什么东西。白天上班,我自己在网上也查了查,一查,让我吃了一惊,想不到忍冬花是我相当熟悉的金银花哟!

金银花,初开为白色,后转为黄色,因此得名金银花。此花总是成双成对生于叶腋,故有"鸳鸯花"之称。金银花适应性强,牵藤挂蔓,可铺展数十米。除夏天能以清香散解暑热之烦躁外,冬日里,又能用一片翠碧驱除寂寞萧索,因其秋末老叶枯落时,叶腋间已萌新绿,凌冬不凋,又名"忍冬"。

说完真花说假花。在冬天,金银花是"忍"着寒冷而来,而雪花,寒冷是她的母亲(雪是寒冷天气的产物,是云内温度低于0℃时,水汽凝华在云中的微小冰晶上,增长为雪晶降落下来的),雪花,是最合时令的花哟!

明知道,江南的雪不会来得这么早,但看天的脸色,一副灰蒙蒙的样子,也的确有下场小雪的潜意识的。老天今天灰蒙蒙的样子,甚至让人觉得,这,是不是污染惹的祸。

——这话,跑远了,打住。还是看天吧!

傍晚下班，坐在班车上，看夕阳。今天，我注意到夕阳的颜色。我发现太阳是橙色的。有趣。过了几分钟再看，又似乎是银白色的。又过了一会，又橙了点。真有趣。我坐在车中，虽然只能僵坐着，但内心却是一片棱镜，折射着五彩。

是的，老天看似有下雪的样子，确乎没有下雪。我的意思是，节气小雪的降临，不管老天有没有降下雪儿（注：气象学上把下雪时水平能见距离等于或大于1000米，地面积雪深度在3厘米以下，或24小时降雪量在0.1—2.4毫米的降雪称为"小雪"），在江南，冬天的"雪"意象却是实实在在来到了。大地上的秋色在加速消泯，而冬的气象日益加深。是的，"雪"的意象是冬之美的"点睛之笔"。

随着冷的渐强，冬的加剧，生活在南国的人们，也开始萌生了盼雪的心情，记得有一年，我写过这样的句子："冬天快过去了，雪却没有到来。"从中原来的新江南人，有盼雪之情，其实江南的"土著"亦有盼雪的心愿。是的，南国的人们也期盼着天地一片白茫茫真干净的景象。那是冬之美的一种极致形态哟！

这里，我们看看鲁迅——南国的鲁迅——笔下的雪吧：

江南的雪，可是滋润美艳之至了；那是还在隐约着的青春的消息，是极壮健的处子的皮肤。雪野中有血红的宝珠山茶，白中隐青的单瓣梅花，深黄的磬口的蜡梅花;雪下面还有冷绿的杂草。胡蝶确乎没有;蜜蜂是否来采山茶花和梅花的蜜,我可记不真切了。但我的眼前仿佛看见冬花开在雪野中,有许多蜜蜂们忙碌地飞着,也听得他们嗡嗡地闹着。

大雪

江南黄昏好,一阵大风来

人心所向,江南的雪可是滋润美艳之至。

? 哪个节气是节日,还放假,但不宜说节日快乐?

答案:清明。

清明有习俗,上坟,祭祀先人。节日快乐,是现代社会的客套话。对要去上坟的人说节日快乐,虽然不是什么大错,但,听起来怪怪的。所以,清明,是节气,也是节日,但不宜说节日快乐。

"晚来天欲雪,能饮一杯无。"

诗酒趁年华。趁大雪,也不错。

——题记

在江南,节气小雪和节气大雪,都不一定下雪。在我看来,时光中,变化最大的,是在黄昏。

冬季的黄昏,我称之为冬暮,越来越短,短到,餐桌上的酒杯还没有举起,它,已经过去了。

冬暮,老天,有如此神力,短短十几二十分钟,明亮的大白天就转换成了杂色纷呈的傍晚。

这样的黄昏,不仅因为短,更因为奇妙,所以,当你在街上赶路时,如果步行,站在十字街口,我建议你不妨慢下来,多打量一下,这可是一天之中最有诗意的时分。

抬起头来,天上已有新月升起来了,如果再细看,似乎还有云的影子。再低下头来,放眼望去,眼前是城里的灯。如果你细致,便会发现,新月和灯,相互照应着。月色是泻下来,灯光是射出来。再打量行人,你会很自然地觉得,人人都是好的,美的。如果你在大白天,受了某人的气,你会觉得,到了此时,气,少了许多许多;如果在大白天,你为生计忙累了,你也会觉得,到了此刻,累,似乎也减轻了好几分。

初冬的暮色中,朦胧是最温柔的宽容力量。江南小城的冬暮是美的。是美的,便不会太长。不到一个小时,美丽的黄昏走了,暮色快速浓起来了。

如果你不特别留神黄昏,那么,你也许会觉得,老天给你的感觉是,老天走得可真慢哟。今年,太阳从小雪走到大雪,人们并没有觉得天气向隆冬迈出了多大的步伐,相反,人们还犯点迷糊:老天是不是走错了大方向,怎么越来越温暖,越来越像春天呢?

毕竟立冬了好久,是时候了,该来的总会来。媒体在预报:今起强烈降温还会刮大风,可能把宁波带入冬天。

12月7日,天起风了。其实风并不大,但风中有浓浓的寒意,所以街上的人们觉得这就是大风了——放在盛夏,人们还会嫌风小了呢!

白天,太阳当空,算不上很温暖,但算得上很明亮。今天是大雪了,太阳到达黄经255度。

大雪,顾名思义,雪量大。古人云:"大者,盛也,至此而雪盛也。"到了这个时段,雪往往下得大、范围也广,故名大雪。大雪和小雪、雨水、谷雨等节气一样,都是直接反映降水的节气。——这样说,并不意味着大雪节气来临当天一定会降大雪!

大雪节气中指的"大雪"与我们日常天气预报中所说的

"大雪"意思不同,大雪节气是一个气候概念,它代表的是大雪节气期间的气候特征;而天气预报中的大雪是指降雪强度较大的雪。气象学上规定:下雪时能见度很低,水平能见距离小于500米,地面积雪深度等于或大于5厘米,或24小时内降雪量达5.0—9.9毫米的降雪称为大雪。——不仅内容不同,就是时间上,也不定同时来的。

节气大雪,我们古代先人将其分为三候。第一候鹖鴠不鸣。第二候虎始交。第三候荔挺出。

天冷,冻得寒号鸟也不张嘴叫了,阴气最盛,盛极而衰,阳气触底反弹,老虎敏感,于是有了"恋爱季节",如果雄虎要献花,可采"荔"的。此"荔"非"荔枝",实为马蔺,这时节,也感阳气萌动,慢慢"挺"出新芽矣。——你留心到了吗?这三候里,分明已有了下一个春天的气息。

秋尽江南绿未凋。这一天,我还特别观察了一下风中的绿。宁波市树——香樟树,满身皆绿,不过,那身绿带着倦意还有灰尘。

最有趣的是,杨柳,也可说仍是满身皆绿,枝条的绿还挂在我的眼帘之上。——哟!江南的春,不对,江南的秋,似乎还没有完全走到尽头呀!

岁月不居,在此,作打油诗一首:

秋尽江南绿未凋,阵阵寒风似刮刀。

新陈代谢天地意,大雪时节望雪飘。
初寒更觉身是本,因时调理心不焦。
人间最暖是故园,几多游子暗唠叨。

冬至

进九,夜正长,
何物涌动暖心房

盼望春天,数九就是盼春的实际行动。

❓ 想显摆显摆又没人看的是哪个节气？

答案：白露。

这是一则语言游戏。没有什么效果，没有什么价值，就是"白"。比如，白忙、白说、白干了。露，表露、显露，也就是显摆。把这样的"白"和这样的"露"合在一起，那便是：你露了，也没人围观的。

现代人，总爱显摆。显摆，其实挺符合我们需要的，这，没有什么不对，问题的关键在于，你得有实力，你还得找对时机。不然，就是"白露"了。

中国人，什么时候开始盼望春天？

是一个终点，也是一个起点。冬至一阳生，意味着一段旧时光的逝去，同时也意味着一段崭新时光，业已开始。

呼应自然律动，就在冬至，甚至我们自个儿也没意识到，我们已经开始盼望着春天。

——题记

我还认为明天是冬至。今天下午上班时，不断接收到有关冬至的消息，比如有人在QQ群中提到如何在居士林排队买腊八粥，如何冬至进补。赶巧了，今天我还加班，加班时，有朋友打电话约着一起吃饭过冬至。我这才搞明白，今天就是"大如年"的冬至了。

日子像流水一样，真的就这样到了冬至，一年二十四个节气中的倒数第三个节气。一年就快过完了！当然，会有一丝感慨在心头：太酸太俗太掉价，就不展开了。

冬至日，太阳到达黄经270度，直射南回归线，北半球白天最短，黑夜最长，数九寒天从冬至开始。

冬至是北半球全年中白天最短、黑夜最长的一天，过了冬至，白天就会一天天变长，黑夜会慢慢变短。古人对冬至的说法是，阴极之至，阳气始生，日南至，日短之至，日影长之至，故曰"冬至"。冬至过后，各地气候都进入一个最寒冷的阶段，也就是人们常说的"进九"。

此前，我国南方大部分地区日出到日落不足10小时。冬至以后，随着地球在绕日轨道上运行，阳光直射地带便逐渐北移，使北半球白天逐渐增长，夜晚逐渐缩短。冬至日太阳高度最低，日照时间最短，地面吸收的热量比散失的热量少，冬至后便开始"数九"，每9天为一个"九"。到"三九"前后，地面积蓄的热量最少，天气也最冷。这便是"提冬数九"。

黄河中下游的《九九歌》是这样的：一九二九不出手；三九四九河上走；五九六九沿河望柳；七九河开，八九雁来；九九又一九，耕牛遍地走。

数起九来，陆游歌曰："家贫轻过节，身老怯增年。"（《辛酉冬至》）在江南，及至全中国，从古至今，这是一个非常重要的节日，"冬至大如年"。《后汉书》载："冬至前后，君子安身静体，百官绝事，不听政，择吉辰而后省事。"唐宋时期，冬至是祭天祭祖的日子，皇帝在这天要到郊外举行祭天大典，百姓在这一天要向父母尊长祭拜。如今江浙一带还有这样的传统：家家户户都要打年糕、舂糍粑、做米酒、进补、祭祖，等等，参与的人非常多，很隆重。

有民俗专家解释说,"冬季的节日,古人有种模拟死亡的意识在里面。古人认为,冬至白天最短,是太阳休息的时候,阴气最重。""扫墓这种行为,有'太阳之死'的寓意在里面。至于吃饺子、汤圆,代表着团团圆圆、和和美美的意思。"

夜最长,进九初,在这样的时候,最需要暖意。也的确,在尘世奔波折腾,除了满脸沧桑一身尘土,还真感受到了外在的温暖渐渐汇合成流涌入心房。这样,我慢慢细数一些温暖的小事吧!

——加班后坐788路公交车回家,快七点了,儿郎在家打电话问我何时可以到家吃饭,十三龄童的稚声,脆得我心一软。很享受。

——到站,下公交车,江南宁波的夜还不怎么冷。边走,边抬眼看了一眼天,天上有星,虽不多,但的确是有了。天上的星光城里的灯光,灿烂成一片。美。

——有朋友打电话约聚餐,我正在加班,他们要我加班完了赶来。我加完班却赶到了家里。再给朋友打电话说不来了,被朋友骂。骂,随他骂去,已过青春期若干年的我,知道,在世上,朋友的骂声,何尝不是一种有温度的声音呢!

——回家吃晚饭,家人正等着。上桌,吃的是绍兴老酒——这是我的邻居、绍兴人王某送给我的。那是真正的绍兴酒。加温的酒,更暖胃哟!

——今年的冬至并不冷,不过,今年的雪,已下过一场。

当然，江南这时节的雪，化得很快的。雪化了，但有件事我觉得我会永远记得：人世间，从美中生发的东西最为暖人。

——冬至大如年，过年要归家。在外生活十几年了，归家的想法总在节假日中发酵。这里，录一首白居易的诗聊以自遣吧。理由是，诗词是中国最传统的、直指心性的精神日用品，自然，这里有中国人的血脉和血的温度。

邯郸冬至夜思家

邯郸驿里逢冬至，抱膝灯前影伴身。
想得家中夜深坐，还应说着远行人。

小寒

说冷说对称说天道

寒来暑往，我们明白了什么？

❓ 陶渊明,是浔阳柴桑人(今江西九江)。2023年当地开始举办陶渊明诗歌节。请问,以后,若每年举办陶渊明诗歌节,时间安排在什么节气最好?

答案:寒露。

"采菊东篱下,悠然见南山。"陶渊明诗歌里最重要的意象是菊。寒露有三候,其中第三候是"菊有黄华"。纪念陶渊明,弘扬诗歌艺术,最惬意的时间,便是寒露。

今天早起读书,隐约觉得窗外有异,一凝神,发现一块地上很白,莫非下雪了?仔细一看,真是雪!江南今年很来了几场雪。不管几场雪,在江南,有雪就是欢喜。我马上叫少爷看。少爷看了,说,屋顶上全白了。

小寒,二九第N天。

在江南,冷,是一个例外,也就是说,在一年的时段当中,冷的时长和深度都是有限度的。不过,过了冬至,江南的冷实实在在起来了。用我的话来说,不需要理由,老天它就冷。

怎么解释呢?

在江南,冬至之前,也冷,甚至还有寒流还有雪飘,但是只要放晴,天地之间的一股暖气就会回来,旋即侵入(亦浸入)人们的体内,特别是午后的暖阳,如果你在午阳下晒晒那么一段时间,你的身体不仅暖和了,而且你还会体味出几丝阳光里的辣味道呢!但,过了冬至,进了九,就是晴天没有风,就是午后有阳光,你还是觉得冷,觉得寒气侵人。——这就是我所说的,没有理由,天它就是冷。自然,如果有冷风如果是阴天,那个冷,就更加实实在在了。

有趣的是,冷到这程度,江南人大呼小叫"冷呀!"的次数却明显减少了。嘿嘿！什么人什么事都有这样一个心理现象：时间一长，就麻木了，疲劳了，也习惯了。

西方有谚语：大自然是老师。西方文明向老师学的是美，在我看来，在中国，大自然无疑也是老师。老子曰：法自然。其意是，以自然为法，取法于大自然。法自然，前面还有一个字：道，合起来是，"道法自然"。

中国人学的、得到的是"道"，是谓"道法自然"。

"道"落在民间，也就是说，在面朝黄土背朝天的农人那里，在跟着太阳走了一年又一年的光阴中，得到的，其中一个成果便是二十四节气。

二十四节气，是中国先人在法自然之中寻觅出来的一条中华之"道"。因为法自然，二十四个节气也是"活"的，是自成法度、自成体系、循环往复的一个"生命体"。创造出这个"生命体"，并顺应着这个"生命体"的生命节律，中国先人从事物质生产活动，安排精神生活。无形之中，这，和中国顺天应人的根本生存发展智慧是契合一致的。

具体地说，有节气之前，做农活，或者说以农活为主的生活中，农人是摸着石头过河的，有了节气之后，农人自觉顺着节气做。节气可算是农人的指南针吧。——我不是专家，但我想，情况应大致如此。从某种角度来说，这，便是天道吧。

说二十四节气，还可以换个角度来说，那就是对称和不对称。

先说对称。论起来,二十四节气流转的规律,不就是对称规律吗?不就是自然界对称在人的观念中的体现吗?法自然,不仅"创造"了节气,也"创造"了对称这个概念。

跳开节气来说,自从"创造"了对称概念之后,对称就在历史中、就在生活中。历史中的对称,别的不说,那些流传千古的建筑物大多极具对称美,比如故宫、天坛、颐和园的长廊,比如宁波的鼓楼、天封塔,还有古典诗词中那极富韵味的对称美。生活中的对称,那就更多了,对我来说,跟着太阳走一年,不就是主动体悟这样那样的对称吗?!

再说不对称。对称只是相对的,不对称是绝对的,在跟着太阳走一年中,我也主动体悟着不对称。不深讲大道理,只说,因为不对称,生活总是新鲜的,充满活力的。

天地有大美,有大美而不言。有点遗憾的是,日复一日之中,我们大多只触及冷热没有触及天地大美,只见天气不接地气,难见节气。

古今对照,在此,我总结出这样两句话:古代人生活在节气之中,现代人生活在天气之中。

古代,农耕社会,人们深知:随便从哪个节气点(其实不是节气点,随便哪个时间点都成),过了一个节气,就自觉迈向下一个节气,节气连着节气,便是一个循环,也不是说,走了一年,走了一圈。当然,现代人,走了一年,也是走了一圈的,年复一年,圈复一圈。不过,区别在于,现代人大多犯着糊涂,听着天气预报过着一天又一天,至于节气,那不过是,到节气那天日历上多了一个小小的标志而已。当然,偶尔个别热闹的节气,会跟着媒体的鼓噪、老人们的念叨热闹一回,比如夏至。

——今日小寒,趁着"冷"说些清醒的话吧!

大寒

小病大雪过大寒,
收拾心情好过年

天道有常,要过年啦,把心情收拾好!

❓ 哪个节气，让我们最有文化底气？

答案：谷雨。

仓颉造字，相传就在谷雨这一天。中国先人创造的汉字，传承至今，没有中断。这在全球范围内，也是独一无二的。2010 年，联合国设立中文日，时间就定在谷雨。所以，说起汉字，作为中国人，我们怎不自豪？

渐悟,从立春到大寒是一年。

顿悟,从大寒到立春只一瞬。

渐悟是爬坡,顿悟是飞扬。

——题记

回想起来,当初我起意特别关注节气抒写节气随笔,大约就在2010年的大寒节气期间。沿着岁月之河逆流而上,我在我的博客上找到了当初的即兴之作《"大寒"节气,领会春意》:

一年之中,规定应该最寒冷的节气,便是"大寒"(不过,大寒不一定比小寒寒哟!特别是在南方,多是小寒更寒的)。年年"大寒",今有"大寒"(2010年元月20日,最高温度已达26.2℃)。在江南、在宁波,闻一闻季节的味道,嗅一嗅"大寒"的气息,你便会发现,暖气——大地的暖气、人体的温暖之气,已慢慢升腾起来了。

上个周末,晨跑。休息片刻时观察,体育场边有一棵树,我生物学得不好,不知是什么树,有花苞,新奇的是,花苞有发胀开的明显迹象,新鲜细嫩。这时,在心里,我在想,新的一轮春天越来越近了。

江南春暖——如果可以算春暖的话——人亦知之。地气动了,空气也有了相应的反应。同样的晨跑,前些时,我没有什么异样的感觉,现在有了,觉得人的皮肤,特别是背部的皮肤有一层小火烤着似的。自然,这是跑的原因,但,季节向暖的细微变化,的确也"难辞其咎"。

这时,穿衣,便是一桩小事体。脱一件呢,还是不脱?不脱,中午时分,你看街上的风景,在有的人身上你也觉得季节已转换;脱吧,又怕冷意,又想着休养生息要冬焐的传统说教。此外,就我而言,一直想抽出时间去买件合意的冬衣,真的也去过商场,没看中的,看中的又太贵。想来还是到书店合算,每次去都不会空手而归,一次花费也不会超过一件衣服的开支。

有一句名人名言,中国人又最爱引用。想来我再引用一次也无妨。引吧。这句话是:"冬天到了,春天还会远吗?"真的,我突然想,如果引用这句名言要加一个良辰吉日的话,我确定,一定得选今天——"大寒";如果引用这个名言再加一个最合宜的地点的话,一定得选江南——我人在宁波,就选江南中的宁波吧!

女孩子,曲线一下子新鲜起来,明朗开来,脸上也像蒙上一层薄薄的油粉一样,明快而闪亮。有个词叫容光焕发,大致是指这样的情形吧。

宁波中山东路上的行人匆匆,傍晚时分,我也在其中,我只听到有人在说:"这样的天,穿一件单衣就行了。"

以上是去年的大寒,转眼之间,从去年的大寒到今年的大寒,一年矣!今年的大寒,在"外表"上,迥然于去年的大寒。从我的"气色"和老天的"面容"来看,皆有明显不同。表现在:

去年大寒,天大晴气温高。今年大寒,大雪矣天很冷。

去年大寒,"该冷不冷,不成年景。"——哈哈!有钱就有年景。不过,该冷不冷,不成冬景,倒是实情。

今年大寒,"小寒大寒,冷成一团。"——嘿嘿!在江南,雪带来的冷,另具情趣:冷成一团,也带着一团喜气的。

去年大寒,我很爽很健康。今年大寒,感冒了难过中。

不过,不管上年的热大寒还是今年的雪大寒,面临大寒,我的心情——进而推出大家的心情应当趋于一致,那便是:收拾心情好过年。

按照我国的风俗,特别是在农村,每到大寒时节,人们便开始忙着除旧布新,腌制年肴,准备年货。在大寒至立春这段时间,有很多重要的民俗和节庆,如祭灶和除夕等。有时甚至连我国最大的节庆春节也处于这一节气中。大寒节气充满了喜悦与欢乐的气氛,是一个欢快轻松的节气。

"过完大寒,又是一年",对客居江南多年的我来说,大寒意味着时光催着我回归老家过年。虽然我心里很明白,不是每年都能回老家过年的,但每年这时节,想回去的心思总是按时令"发作"。

过完大寒,节气又开始新一轮的循环了。——大寒,是二十四节气中的最后一个,衔接着的是新的立春。

天道有常。